産業集積地の継続と革新

―京都伏見酒造業への社会学的接近―

藤本昌代・河口充勇
著

文眞堂

目　　次

プロローグ………………………………………………………………………… 1

第 1 章　本研究の目的と分析枠組み………………………………… 3

1　少資源地域の発展、継続の不思議……………………………………… 3
2　先行研究概観……………………………………………………………… 5
　2.1　地域に対する社会学的視点………………………………………… 5
　2.2　産業に対する社会学的視点………………………………………… 6
　2.3　他分野における地域、産業研究…………………………………… 7
　2.4　産業集積地、クラスター研究……………………………………… 8
　2.5　伏見酒造業への社会学的接近……………………………………… 10
3　分析の枠組み……………………………………………………………… 12
　3.1　伏見酒造業を取り巻く社会的環境………………………………… 12
　3.2　酒造家の進取的集団特性…………………………………………… 12
　3.3　酒造家の集団秩序…………………………………………………… 13
　3.4　酒造技術者の情報共有規範………………………………………… 14
　3.5　分析視点のまとめ…………………………………………………… 14
4　調査方法…………………………………………………………………… 15
　4.1　調査設計……………………………………………………………… 15
　4.2　質的調査……………………………………………………………… 17
　4.3　量的調査……………………………………………………………… 17
5　本書の構成………………………………………………………………… 18

第 2 章　伏見酒造業の歴史的背景と特性…………………………… 22

1　産業構造の中の酒造業と伏見地域……………………………………… 22

	1.1 伏見区の立地	22
	1.2 京都市における伏見の産業別就業者数	22
	1.3 伏見区における酒造業	24
	1.4 伏見区での酒造業の粗付加価値額	24
2	伏見地域と伏見酒造業の歴史的背景	25
	2.1 伏見地域の歴史－江戸初期までの推移	25
	2.2 伏見酒造業の成り立ちと発展軌跡	28
	2.3 伏見の地域文化資産	31
3	伏見酒造業の特性	32
	3.1 酒造家の特性	32
	3.2 酒造技術者の特性	36
4	灘酒造業の存在	38
5	清酒製造工程の概要	40
6	まとめ	41

第3章　制約的条件への苦慮と環境耐性 44

1	「第1の仮説」制約的条件による環境耐性	44
	1.1 要件不足の環境下	44
	1.2 環境耐性の効果	44
2	伏見の制約的条件とその潜在的順機能	46
	2.1 市場確保の苦慮・工夫と遠隔地市場の開拓	46
	2.2 原料米調達の苦慮・工夫と高度な変化対応能力	49
	2.3 労働力確保の苦慮・工夫と多様な酒造技術の集合	54
3	まとめ	56

第4章　進取的な酒造家たち 58

1	「第2の仮説」構造的多様性による同調圧力の弱さ	58
	1.1 斉一性の圧力と集団	58
	1.2 準拠集団と酒造家集団の非同調	59

	1.3	集団の特性と同調圧力の弱さ………………………………	59
2	伏見の酒造家たちの進取性を示す5つの事例………………………		63
	2.1	月桂冠の事例－業界に先駆けた四季醸造…………………	63
	2.2	黄桜の事例－業界に先駆けたテレビCM …………………	68
	2.3	玉乃光の事例－業界に先駆けた純米酒商品化……………	70
	2.4	月の桂の事例－業界に先駆けたにごり酒商品化…………	74
	2.5	TaKaRa の事例－業界随一の積極拡大志向 ………………	75
3	まとめ………………………………………………………………		80

第5章　多様な成員の集団秩序………………………………………… 84

1	「第3の仮説」社会的環境による苦慮と多様な成員の集団秩序……	84
	1.1　多様な成員の集団特性と秩序…………………………………	84
	1.2　同調行動と集団特性……………………………………………	85
	1.3　集団秩序維持の必然性…………………………………………	87
2	制約的条件克服のための協調の必然性………………………………	88
	2.1　伏見酒造組合を通じた原料米の確保…………………………	88
	2.2　杜氏・蔵人の確保………………………………………………	90
3	国による規制、税制に抗するための協調の必然性…………………	92
	3.1　国の規制、税制に苦しんだ清酒製造業の歴史………………	92
	3.2　政府の圧力と伏見の動き………………………………………	95
4	政府の支援享受のための協調の必然性………………………………	97
	4.1　技師による近代化………………………………………………	97
	4.2　経済支援策………………………………………………………	99
5	自由競争における秩序維持のための協調の必然性…………………	101
	5.1　政府と自治体の政策矛盾による秩序維持……………………	101
	5.2　伏見酒造組合の発足……………………………………………	102
6	共用財の危機に対する集団抗議のための協調の必然性……………	104
	6.1　陸軍との戦い……………………………………………………	104
	6.2　水質維持活動と伏見醸友会……………………………………	105

7　必然性の潜在的順機能……………………………………………106
　　8　まとめ……………………………………………………………108

第6章　酒造技術者の職業人性と地域技術者ネットワーク………111

　1　「第4の仮説」酒造技術者の気質と情報共有規範 ……………111
　　1.1　酒造技術者を取り巻く社会的環境……………………………111
　　1.2　社会的環境に関する分析枠組み ……………………………113
　2　多様な構成員による技術交流環境………………………………115
　　2.1　酒造業に関わる人々の役割と関係性…………………………115
　　2.2　伏見における技術交流状況……………………………………115
　　2.3　現在の若手・中堅技師と杜氏…………………………………116
　3　技術の援助・互助行動としての情報共有………………………118
　　3.1　技術者の負う高コストへの重責………………………………118
　　3.2　見極めにおける緊張……………………………………………119
　　3.3　杜氏と技師のコンフリクト……………………………………121
　　3.4　成功技術の渇望…………………………………………………125
　　3.5　ネットワークと情報共有規範…………………………………125
　　3.6　酒造技術模倣の困難さとオープンマインド…………………127
　4　開放的な社会構造の中の酒造技術者……………………………128
　　4.1　杜氏・蔵人集団の流動性………………………………………128
　　4.2　現代の酒造技術者の流動性……………………………………129
　　4.3　転職の契機………………………………………………………129
　　4.4　人的情報ネットワーク…………………………………………131
　5　酒造技術者の職業人志向とアイデンティティ…………………132
　　5.1　酒造技術者ネットワークの凝集性……………………………132
　　5.2　酒造技術者の職業人志向………………………………………133
　　5.3　酒造技術者の職場へのコミットメント………………………134
　　5.4　就業観と伏見酒造業へのアイデンティティ…………………137
　6　まとめ……………………………………………………………139

第 7 章　伏見酒造業に対する社会学的考察 ………………………… 144
1　4つの分析視点のまとめ ………………………………………………… 144
1.1　第1の仮説検証のまとめ ………………………………………… 144
1.2　第2の仮説検証のまとめ ………………………………………… 145
1.3　第3の仮説検証のまとめ ………………………………………… 146
1.4　第4の仮説検証のまとめ ………………………………………… 146
1.5　伏見酒造業の発展メカニズムの概念図 ………………………… 147
2　伏見酒造業に対する制度と地域性からの社会学的考察 ……………… 148
2.1　組織、集団における制度的視点 ………………………………… 148
2.2　制度化された社会から起こる革新 ……………………………… 151
2.3　社会的環境としての地域特性と集団 …………………………… 154
3　まとめ ……………………………………………………………………… 156

エピローグ　伏見酒造業の現在 ……………………………………… 161
1　現在の酒造業者の行動 …………………………………………………… 161
2　"モノ申す"周辺アクターの台頭 ……………………………………… 162
3　酒文化の存続、発展のために …………………………………………… 163

補遺 1　関連業者の特性 ……………………………………………… 165
1　原料および補助材料関連 ………………………………………………… 165
2　機械関連 …………………………………………………………………… 168
3　容器および包装用品関連 ………………………………………………… 169
4　流通および広告関連 ……………………………………………………… 170
5　副産物関連 ………………………………………………………………… 171

補遺 2　伏見酒造業の水平ネットワーク …………………………… 175
1　酒造家たちの協調行動 …………………………………………………… 175
2　酒造家たちの独自行動 …………………………………………………… 176

2.1　"顔の見える"関係へ……………………………………………176
　　2.2　農家との"顔の見える"関係づくり………………………………177
　　2.3　小売業者との"顔の見える"関係づくり…………………………180
　　2.4　消費者へのメッセージ……………………………………………180
　　2.5　関連業者との共存共栄のために…………………………………181
　3　技術者の互助行動と技術向上意欲………………………………………182
　4　"モノ申す"周辺アクターの台頭…………………………………………184
　　4.1　共有される危機意識………………………………………………184
　　4.2　"モノ申す"農家……………………………………………………185
　　4.3　"モノ申す"酒販店…………………………………………………188
　5　ヒエラルヒー型から水平ネットワーク型へ……………………………192

附録　伏見酒造業各社の企業情報と沿革………………………………195

参考文献・URL……………………………………………………………………205
あとがき……………………………………………………………………………214
索引…………………………………………………………………………………218

※　本書で使用している写真、資料などの情報は、すべて使用許可を得ている。

プロローグ

　京都には多くの伝統産業があり、多くの文化を生み出してきた歴史がある。正当化された伝統には、さまざまな公式、非公式のルールがあり、わたしたちは、それにしたがって進められる行事を至るところで目にすることができる。その社会において正当性が付与された行為や志向は、人々にとって「客観的」であり、繰り返されることで制度はより強化されていく。わたしたちにとって「当たり前」は、その社会において共有された制度であり、他の異なる社会を訪れた時、「当たり前」が別に存在することに気づく。

　京都の伝統産業は数百年の歴史をもつ企業が多く、それぞれの業種に共有された「当たり前」がある。しかし、実際には同じことを繰り返して生き残っている老舗は一つとしてなく、それぞれの時代において革新的な意思決定が行なわれている。それも代表的な数社のみではなく、多数の企業に見られ、集団特性ともいえる傾向がある。伝統的という制度化された社会の中で、多くの革新が生まれてきた京都であるが、この地は都であった頃、現在の東京のように外来者からの刺激が多かった。

　その中で今回、われわれは京都伏見酒造業の産業集積地を調査する機会を得た。伏見酒造業は約400年の歴史をもつ産業であり、狭い地域の中にたくさんの酒蔵がある。そしてこの地域の企業にも京の都の伝統産業を支える企業と同様に非常に革新的で進取的といえる事例が多々ある。一見、意外に思える伝統と革新の関係について、われわれは調査を進めた。その中で全国第2位の銘醸地である伏見酒造業が、上質の水に恵まれながらも都市部ゆえの苦慮を乗り越えて発展していることを知り得た。当然のことながら、乗り越えるだけでなく、それらを有利に転換できたからこそ小さな土地で大銘醸地になることができたわけである。調査を進めるうちに「都市部の流動性による多様さ」（京都は多くの外来者によって発展してきた）や「人口密度の高さ」は情報が集中し

やすいことが確かめられた。技術的優位性を考えると情報共有は行なわないのが「当たり前」であると予測されたが、実際には非常にオープンに行なわれていることが明らかになった。これらを踏まえて、本研究は伏見酒造業の発展パターンの技術的・社会的・文化的な要因を検討し、制度化された伝統と革新の関係について明らかにするものである。

第1章

本研究の目的と分析枠組み

1 少資源地域の発展、継続の不思議

　京都伏見は「伏水」というその名前の由来にあるように、豊かで上質な地下水系に恵まれた地域である。伏見酒造業の集積地に近接している御香宮神社の井戸も同じ水系であり、日本名水百選に選ばれている。この御香宮神社の三木善則宮司は、伏見という地域が長らく発展してきたのは、港町の頃から「来る者は拒まず、去る者は追わず」の気質が大きく影響していると語る。同神社の祭には、昔からの氏子以外も受け入れ、一時的な住民の子どもたちも参加することができる。子どもの幼少期にのみ関わる親も多いが、それでも長期的に関わらないからと外来者を拒んでいたら、今の伏見の発展はなかったという。三木宮司は祭の文化が継承されてきた背景には、参加したい人が御輿や花笠を担げるという開放性が重要な要素であると語る[1]。伏見の人々は、外来者が当地

御香宮神社の境内

名水百選にあげられている御香宮神社の湧水

で活動する場合にも、過度な「ふさわしさ」を求めない。それは外来者がたとえ一時的でも、(あるいは定着して長期的にも)伏見の文化を支える人々となり、その多様な人々の中で生まれるエネルギーの重要性を知っているためだろう。

　伏見は古くから酒造業が発達し、現在でも銘醸地として栄えている。当地にはテレビ CM で馴染みのある大企業から、全国ブランドではないが、愛好家に長らく支持されている中小企業まで、多種多様な酒造業者が存在する(本書では酒造業の企業を指す場合「酒造業者」と呼び、その経営者を指す場合「酒造家」と呼ぶ。酒造家は一般的には「蔵元」と呼ばれている)。伏見の発展の歴史を考える時、先の三木宮司が述べたように当地の流動性による多様性は重要な要素であり、これは一般住民だけでなく、酒造業者にも共通のことである。実際にここでは長年同じ業者が継続しているだけではなく、かなりの比率で入れ替わっている。

　この伏見をはじめ全国各地で古くから行なわれてきた清酒製造は「並行複発酵」(麹による糖化と酵母による発酵を同時に行なう)という世界で類を見ない特殊な製造技術によっている。清酒は技術のみならず、さまざまな伝統と結びつき、その文化的価値も高く評価されてきた。表1-1に示したのは酒造業で有名な地域であり、灘[2](酒造業界では一般に「灘五郷」と呼ばれる)を擁する兵庫県は最も多い製成数量[3]を誇り、それに次いで伏見がある京都府が第2位と続く。

　このように高度な製法で造られる清酒も、大量に消費されていた時代から消費量が減少し続ける現在の状態になって久しい。かつて3,000を上回った全

表1-1　全国トップ5府県別製成数量2002〜06年度の変化[4]

順位	県名	H14 製成数量 (kl)	県名	H18 製成数量 (kl)	H14 からの変動率
1	兵庫県	182,339	兵庫県	155,311	85%
2	京都府	100,279	京都府	89,712	89%
3	新潟県	49,150	新潟県	41,729	85%
4	秋田県	24,425	愛知県	19,478	81%
5	愛知県	24,021	秋田県	18,756	77%

出所:国税庁2007年度データ

増田徳兵衞商店（月の桂）の伝統的な酒蔵　　　　月桂冠の近代的な酒造工場

国の酒造業者は現在、半減してさらに縮小傾向にある。その中でも第1位から第5位まで、すべての地域の製成数量は減少しているが、京都府の減少比率は最も小さい。消費者の清酒離れを考えると決して伏見酒造業だけに有利な状況があるわけでないことは明らかであり、それどころか他の酒造地域より不利な点も多い。では、なぜ伏見酒造業はこのような発展を遂げてきたのだろうか。

そこでわれわれは伏見酒造業の発展パターン、当地を取り巻く社会構造、文化構造を分析するために調査を行なった。以下、第2節では地域産業、酒造業、産業集積地に関わる先行研究を概観し、第3節では本研究についての分析枠組み、第4節では本研究の調査方法、第5節では本書の構成を示す。

2　先行研究概観

2.1　地域に対する社会学的視点

伏見酒造業という都市部の産業集積地における集団の特性を理解する上で、都市と人々の意識・行動に関する研究が参考になる。地域性と人々の関係は古典的研究でも扱われてきた。20世紀初頭にはシカゴ学派によってアーバニズム研究が盛んに行なわれた。日本でも都市化、近代化、産業化に対する関心は高く、村落共同体と都市地域の比較、地方自治体、都市社会における住民の意識、地域生活の変化、地域政策、社会移動と産業の関係などの研究が

なされている（倉沢 1980；木下・篠原・三浦編 2002；鯵坂 2005；蓮見編 2007；湯本・酒井・新妻編 2007）。都市部での産業研究では企業を大企業と中小零細企業に分類し、階層的な視点から格差や移動についての研究が行なわれることが多かった。その中で伏見酒造業のような資産家層の同業者組合に類似する対象を研究したものとしては、商人の同業者集団の研究がある（似田貝 1980）。またグローバリゼーションと地域のテーマを扱った研究では、地場産業について紹介されているが、地域社会学から産業分野への接近は積極的とはいえないと述べられている（高橋 2006）。そして産業と場所性に関する研究やモビリティと場所性に関する研究もあるが、これらは都市環境と集団特性を分析したものではない（植木 1996；吉原 2008）。

　本研究はこれまで多く行なわれてきた、「人々が都市環境によって受ける負の影響を描く」ことを目的としていないため、都市化、近代化、産業化によって起こった過剰な合理主義的・個人主義的志向、共同体の解体、格差、疎外などの負の部分を表す概念だけではなく、中立的な概念を探していた。その中でC. フィッシャーが示した都市部の住民の「（型にはまらない社会的性格としての）非通念性」という概念が興味深かった（Fischer 1975 ＝ 1983）。今日でもフィッシャーの議論は「従来の『逸脱』の用語に代えて、あえて『非通念性』という中立的な用語を使用している」と評価されている（松本 2008：53）。フィッシャーが示した都市住民の非通念性は、下位文化の発達に関するものであり、技術革新などの経済発展を強調したものではないが、規範にとらわれない意識や行動が「革新」を生み出すという視点は、後述する伏見の酒造家たちの規範的同調圧力の弱さに通ずるものがある。

2.2　産業に対する社会学的視点

　産業社会学では、これまで日本型雇用慣行、労使関係に関心が向けられ、また地域産業に関する研究でも港湾労働や炭鉱地域での労使関係が扱われてきた。そして近年でも労働者の高齢化や若年層の失業問題など、やはり就業者の個人属性に着目した研究が多い（石川編 1988；稲上・川北編 1999；田中 2006）[5]。産業集積地を分析した数少ない文献として、田野崎昭夫らが行なっ

た全国の産業集積地の現況と市民意識の調査研究（田野崎編 1989）、伊賀光屋が行なった新潟県の燕地方での分業体制とイタリア・フィレンツェ地方との比較、同じく新潟の酒造地における技術者コミュニティでの人材育成過程の分析などがある（伊賀 2000, 2007）。その他には陶磁器産地の調査や造船業地域の調査などが行なわれているが（三浦 1997；武田 2006）、社会学では産業集積地の同業者全体を扱った調査や経営者を調査対象に加えたものはあまりない。

その中で地域と産業を併せて研究されたものとして、制度論からのアプローチにより、公的機関、学校、そして企業群を視野に入れた「組織個体群」（「何らかの点において似かよった」組織の集まりないし総計として、特に「環境からの影響に対する弱さの点から見て同質的である組織の集合。例：保育所の集まり、新聞社の集まり）（Scott 1995＝1998：91, 2001：84）、「組織フィールド」（制度的営みが認知された領域を構成する諸組織の集合を表す。例：学校と地区教育委員会と PTA のような関連諸組織からなる教育システム）（DiMaggio and Powell 1983：143）といった概念で、単独の組織だけでなく、環境、地域、制度、組織群（産業分野を含む）との関わりについて展開されたものがある（DiMaggio 1983；DiMaggio and Powell 1983；Scott 1995＝1998, 2001；佐藤・山田 2004；横山 2001, 2005）。中でも P.J. ディマジオと W.W. パウエルによる組織構造の「同型性」の議論、W.R. スコットによる組織を取り巻く技術的環境と制度的環境の議論、横山知玄によるこれらの制度論を踏まえた研究は、伏見の酒造家や技術者の行動、環境との相互作用について考察する上で有用な議論である（第 7 章にて詳述）。

2.3　他分野における地域、産業研究

地域と産業に関しては社会学的視点での調査より、経済学、政策学の立場からの研究が非常に多い（井出編 2002；小杉・辻編 1997；黄 1997）。伏見酒造業に関しても経済学、商業史の観点から多くの研究がなされており、今回のわれわれの研究にとっても重要な情報源であった（安岡 1998；石川 1989；上村 1998）。また地場産業の生産、流通体制、地域経済との関係、中小企業の分

業体制など、各地域の地場産業の集積状態、分布、生産・流通形態など経済学的視点からの調査もなされている（井出編 2002；鎌倉 2005；清成・森戸編 1980；関・一言編 1996）。

老舗研究では、近年、国内において200年以上続く老舗の数は3,000社を超え、この数字は世界全体の約40％に相当するといわれる。このような"老舗王国"というべき日本においては早い時期から京都を中心に老舗を対象とする研究が見られ（中野 1964；京都府 1970）、1990年代以降に経営学・経営史学分野などでの研究が増えている（神田・岩崎 1996；横澤編 2000）。また近年のファミリービジネス研究では、ファミリービジネスならではの強み（経営者の事業への長期コミットメント、意思決定の速さなど）や潜在的可能性（地域再生の担い手など）を積極的に評価するとともに、ファミリービジネスと非ファミリービジネスの違いを明らかにすることに重点を置いた議論が行なわれている（倉科編 2008）。

地場産業の経済的発展や一つの企業の継続パターンを調べた研究など、これら経済学的、経営学的視点の産業集積地研究、老舗研究、ファミリービジネス研究はわれわれに多くの事例を紹介してくれた。これらの研究も産業集積地を取り巻く経済的な状況の理解やファミリービジネスの理解、地域的条件などを包括的にとらえる上で有用であった。

2.4 産業集積地、クラスター研究

地域産業に対する研究では、われわれが着目している社会学的な文化構造、規範、制度的観点からではないが、地域産業の集積地に関する経済学的、経営学的視点で工業を扱った研究が多く見られる（同志社大学人文科学研究所 1994；石倉他 2003；橘川他 2005；山崎編 2002）。われわれが本調査を始めた頃、すでに日本ではM. ポーターの提唱する「クラスター論」が流行していた。この概念が誕生する以前から産業集積地に着目した議論はあったが、シリコンバレー[6]の成功もあり、ポーターのクラスター論は、瞬く間に世界中から注目された。ポーターはクラスター[7]を「特定分野における関連企業、専門性の高い供給業者、サービス提供者、関連業界に属する企業、関連機関（大学、

企画団体、業界団体など）が地理的に集中し、競争しつつ、同時に協力している状態を言う」と説明した（Porter 1998 = 2005：67）[8]。世界中で第2のシリコンバレーを生みだそうと公的機関が動き出し、日本でも経済産業省の産業クラスター政策、文部科学省の知的クラスター政策[9]などがあり、現在も「クラスター」という言葉で日本の産業集積地を総称して呼ぶことが多い。もともと日本は少資源国家であることから、技術を発展させるための政策には注力してきており、たとえば産業技術系では、テクノポリス政策が産業クラスター政策と類似したものとして実施されてきた。

　本研究の関心は伏見酒造業に関わる人々の特性および制度と社会的環境との関係であるが、この産業集積地をシリコンバレーと比較するならば、特徴としてまずあげられるのは「継続性」である。C. M. リーらがいうように、「シリコンバレーもどき」はできては消えるということを繰り返し、継続的なクラスターに成長する地域は少ない（Lee et al. 2000 = 2001）。日本でも産業集積地をクラスターと命名するも、資金が途切れた途端に勢いを失うところもある。クラスターの継続性には、凝集性や制度的要素だけでなく、老舗企業の存在も重要な役割を担っている。そのほとんどが入れ替わる流動性の高い地域でも、長年、その地域の歴史を知る企業の存在は、周囲から社会的承認を得ていることが多い。スタンフォード大学の学生たちによって1939年から始められたHP（ヒューレット・パッカード）の創業約70年という長さは、日本の老舗と比較すると短いが、起業する1,000社のうち3つしか生き残れないといわれるベンチャー企業の成功事例として伝説的である。現在は継続性より、株式上場まで熱心に研究・開発に注力し、技術力が認められたら、大企業に成長した成功者に買い取られることを望むベンチャー企業が多く見られる。一攫千金、社会的インパクトを与える興味深い研究プロジェクトに従事できるという社会的現実が人々を集め、これも当地の流動性を維持する大きな要素である（藤本2008）。

　クラスター研究では近年発展したシリコンバレーが中心となってきたため、ビジネスモデルの研究が多く、産業集積地や企業の継続に関する規範的要素や社会構造の観点から研究されたものは少なかった。そのため、ハイテクベン

チャーをモデルにしたものではなく、継続性をもった産業集積地の分析を行なう本研究は、時を経て、手段や形式が変化してもなお人々の中に通底する特性を育む社会的環境や制度の分析と位置づけられるのである。

2.5 伏見酒造業への社会学的接近
2.5.1 非網羅的酒造業研究

酒造業の研究は酒造技術、清酒の起源、地域経済学、経営史、酒造技術者（杜氏、蔵人）の徒弟制度、酒造組合の役割、酒造家の役割（経営面だけでなく政治的、社会的役割など）、その他、各酒造地を事例として、多くの研究が行なわれている（坂口 1961；柚木 1965, 1987；青木 2001；藤原 2005；松田 2004）。そもそも酒造業は伏見に限らず、長い歴史をもつ地域が多く、それぞれの地域で関連業者が近隣におり、公設試験所や大学などの機関がある点でも、クラスターと呼べる形態をなしているところもある。さらにこれらは技術の近代化により必要とされる業者も変化し、数百年の歴史の中で大きく変動している。その意味で酒造業界には、長年の社会的変遷をくぐり抜けた経営者としての経験や理念、技術者の規範、伝統的な文化継承者としてのアイデンティティ、消費者の嗜好の変化への対応、国の税制や規制、産業構造の変化に対する技術革新など、酒造業以外の産業分野の製造業経営者、技術者、伝統文化継承者にも共通する部分がある。そのため伏見酒造業以外の酒造地からも学べることは多い。

たとえば全国トップの酒造地である灘酒造業は水・米・杜氏に恵まれ、樽廻船など運搬に有利な地域の在家農家として神戸の発展にも大きく寄与するなど、伏見とは異なるモデルで発展しており、新潟地方も水・米・杜氏に恵まれた農村地域の発展モデルがある[10]。

すべての酒造地域を網羅的に調査することは困難であり、それぞれの地域特有の社会構造、地理的な問題などから、発展パターンも異なっている。本研究の主眼は酒造業そのものの研究ではなく、多様な酒造家・技術者など（以後、アクターと呼ぶ）が集まる地域として、伏見酒造業を事例として取り上げ、当地の構造的、制度的要因による集団特性、その集団に見られる特徴的な事象を

分析することにある。したがって本書は、酒造業の網羅的な歴史の記述や他地域の酒造業との比較を目的にするものではない。

2.5.2 ハイテク高流動性地域との類似点と相違点

われわれは調査の過程で、伝統産業である酒造業が集積する地域は、クラスター政策の対象となりやすいハイテク企業とは異なるが、シリコンバレーに通ずるような「動的環境」ゆえに発展するという特性をもつ場所であると感じていた。シリコンバレーの特性はポーターやリーらが分析している中で、「流動性」、「多様性」、そして、それによる「開放的な社会構造」が特に重要な要素としている（Poter 1998＝2005；Lee et al. 2000＝2001）。高流動性という環境に関しては、伏見とシリコンバレーでは程度が大きく異なるが、この3つの点に関して共通している。当然のことながら両者には共通点だけでなく相違点もある。たとえば文化継承に対する行動や態度は、シリコンバレーのそれとは異質である。一方、京都には1,200年の歴史の中、数百年の歴史を誇る企業が集中し、これらの企業は、いくつかの伝統産業群となって狭い京都の近接性の中で補完的な関係を保ち、重層的に関わっている（それぞれの産業が互いに必要とする補完関係にあり、また企業は一つの産業群だけでなく、他の産業群にも入っている）。そして継続することによる信頼の形成については伝統産業や酒造業に限らず、たとえば創業130余年の高度技術をもつ精密計測機器メーカーでも、「購入元がなくなり顧客が相談もできないというような一気に売り抜ける商法」ではなく、「継続」を大切にしていることからもうかがえる[11]。伏見酒造業でも売り抜けるようなベンチャー企業ではなく、長期間をかけた信用形成に工夫がなされており、シリコンバレーとは時間に対する思考パターンが異なる。

本書の観点は次節にて詳細を述べるが、われわれは伏見酒造業について流動的な社会における地域産業のアクターの多様性という構造に着目し、酒造家たちの集団特性、多様な流派の技術の集結、彼らを取り巻く社会的環境とそれに対するアクターの態度、行動、規範、制度、当該産業特有の条件などについて分析を行ない、長年の地域産業発展の要因解明を試みる。

3 分析の枠組み

本研究は以下の4つの観点から分析を行なう。

3.1 伏見酒造業を取り巻く社会的環境

まず、伏見酒造業の酒造家たちの行動を分析するために、彼らがどのような環境の中にいるかを知る必要がある。酒造業が営まれる伏見地域の特徴をとらえるために地理的条件を分析し、伏見酒造業を取り巻く環境的要素についての確認を行なう。清酒の製造に重要な条件は「水・米・人（酒造技術者）」といわれ、ほとんどの酒造地では、地元でこれらが供給される。伏見にも良質で潤沢な湧き水があり、酒造地として適合的であるため、多くの酒造業者が集中する。しかし、当地は都市近郊であることから、第一次産業の生産物およびその従事者が少なく、米・人を地域外から確保しなければならず、必ずしも清酒製造の要件が所与の物として与えられた状況ではなかった。そのため彼らは、この不利な条件を乗り越える必要があっただろう。そこで1つめの分析視点として、伏見酒造業を取り巻く社会的環境に着目し、清酒製造に関する次の条件について分析する。1) 水の確保に関する条件、2) 米の確保に関する条件、3) 酒造技術者の確保に関する条件、4) その他の条件を確認し、これらのうち不利な制約的条件である事柄について、伏見酒造業がどのように対処したのか、また、それによってどのような状況が展開されたのかについて検討する。

3.2 酒造家の進取的集団特性

伏見酒造業の酒造家たちがとった行動は、その進取性に目を見張るものが多い。それも伏見酒造業全体の協調行動というより、個々の独自行動であることが多い。先の三木宮司の言葉にもあるように、当地は定着する住民が伝統的に地域の発展を担うというより、流動する人々がその時々で担ってきた特性がある。伏見酒造業を担う酒造家たちも、約400年の歴史をもつ老舗から1970年代以降に伏見に参入した新興企業もある。創業年数だけでなく、出身地も伏見

以外の地域からの参入、洛中（都のあった地域）の酒造家の移転などさまざまである。またそれぞれの酒造家は企業規模にかかわらず、それぞれの事業パターンを展開しており、工業のような大企業と小企業が親会社－下請け関係にあるわけでもない。

そこで2つめの分析視点として、伏見の酒造家の進取性と同質性の低い成員からなる集団特性との関係に着目し、それぞれの独自行動が抑制されない状況に対する分析を行なう。ここでは伏見の酒造家が全国に先駆けて行なった事業、社運を懸けた大胆で進取的な独自行動について検討を行なう。単独の酒造家の行動だけが進取的である場合、集団特性とはいえないが、複数の酒造家のそれぞれの独自的と考え得る行動がある場合、協調性を強要するような規範的同調圧力が強くなかったといえるだろう。

3.3　酒造家の集団秩序

酒造家たちの独自行動は、言い換えると協調性に欠けるととらえることもできる。しかし、伏見の酒造家たちが、他社との関係の中で疑心暗鬼にかられたり、自社の利益のために他社を追いつめたり、他社のテリトリーを侵害するような無秩序状態に陥ることはない。同調圧力が弱い場合、利己的な行動をとる酒造家が増えてもおかしくない。実際に酒造業が多額の利益を生むため、日本中のさまざまな地域で粗製濫造を行なう酒造家が出て、国が取り締まらなければならないような事態が起こっていた時代もあった。その中で伏見が発展したのは、いくつかの危機的状況や制約的条件を克服する必要があったため、利害が一致する場合、協調行動をとることが、相互利益につながると信じて行動したからではないだろうか。

酒税が国税に寄与していることは知られた事実であり、政府が酒税を徴収しようとするあまり、酒税の重さに苦しみ、廃業に追い込まれた業者もある。その意味で国からの規制に対抗するための団結は負担軽減につながるだろう。また、国だけでなく、伏見酒造業に関わる制約的条件を克服する上でも、協調行動をとった方が個別企業で対応するより負担の軽減につながるだろう。したがって、同調圧力が弱く、独自行動を起こしやすい酒造家の秩序が維持されて

いた背景には、酒造業が国の規制に対応しなければならないことと、当地が乗り越えなければならない制約的条件が、図らずも彼らの秩序を維持していたと考えることが可能なのである。

そこで3つめの分析視点として、制約的条件と同質性の低い集団の秩序の関係に着目し、彼らが独自に行動しつつも、秩序を維持している理由について検証していく。彼らの協調行動が何によって起こってきたのかについて、国の規制、伏見の制約的条件への対処などを検討し、連帯性および秩序維持との関係を分析する。

3.4 酒造技術者の情報共有規範

酒造家の進取的な行動や志向に対し、製造現場はどのような状況にあったのだろうか。酒造家の志向に対して、現場の技術レベルや技術者のモラールが高まらなければ、業績は上がらない。また酒造家の方針は現場の集団構造や技術レベルにも強く影響を及ぼすことが予測される。

酒造技術者は近隣地域だけでなく、遠方からも雇用され、結果として多様な流派の酒造技術が伏見に集結していた（杜氏と呼ばれる酒造責任を担う人々は、各地で秘匿的な流派を形成していた。詳しくは第2章で述べる）。また発酵統制の困難さは現代でも解明されていない部分が多く、高額の原料米が必要な酒造業では、現場の技術者の重責感が非常に大きい。したがって、技術者同士の互助行動が起こりやすい状況の下、多様な流派の技術が交流し、技術の発達につながったと考えることができる。

そこで4つめの分析視点として、伏見酒造業の発展過程における多様な技術の交流に着目し、酒造技術者同士の交流、技術情報の共有要因、酒造技術者による複数地域の酒造技術の認識、酒造技術の継承に関する事例の検討を行なう。さらに現在、伏見酒造業で就業中の各社の技術者の就業観および行動に対する分析を行なう。

3.5 分析視点のまとめ

以下に分析視点をまとめると、まず都市部の産業集積地である伏見酒造業を

考える上で、1つめは伏見地域における清酒製造に関する制約的条件とそれへの適応について、2つめは酒造家の型にはまらない俊敏な進取性と同質性の低い成員からなる集団特性の関係、3つめは制約的条件と同質性の低い集団における秩序の関係、4つめは伏見酒造業における複数地域の酒造技術者の交流と技術発展の関係について検討する。これら4つの視点による伏見酒造業のアクターたちの多様性の高い集団構造と、彼らが置かれた制約的条件という社会的環境から、彼らに見られる環境耐性、型にはまらない進取性、秩序、酒造技術者の情報共有規範について事例を通して分析を行なう。

そして最終章（第7章）ではこれら4つの視点の分析結果をまとめ、さらに伏見酒造業と社会的環境との関係について考察を行なう。まず伏見の酒造家および酒造技術者らの環境への適応、働きかけ、環境との相互作用についての制度的要素を秩序、模倣、伝統、革新という社会的・文化的環境という観点から考察する。酒造家の独自的な行動パターンについては、都市部の人々の集団特性から見た地域社会学的観点からの考察を行なう。制度的観点については、先述したディマジオとパウエルの組織構造の同型性の議論（経営者の行動は後に組織構造や組織間関係に影響を及ぼすため、本書では行動の類似性の議論を合わせて行なっている）の本事例への適合性について検討し、当てはまらない部分に関してスコットの技術的環境と制度的環境の議論を用いており、地域的観点については、フィッシャーの都市部の非通念性の議論を用いて説明している。

4 調査方法

4.1 調査設計

この調査は2004年冬の調査設計から始まり、伏見酒造組合を通して、組合員である酒造家へ調査協力の依頼を行なった。調査に当たり、質的調査（フィールドワーク）を入念に行ない、そこから浮かび上がる世界を描き、さらに量的調査で補足するという手法をとった。質的調査を重点化した理由は、(1)企業数が22社[12]と個別調査が可能な分量であること、(2)質問紙を用いて

表 1-2　調査期間

(1) 調査設計および調査依頼など、下準備	2004 年 11 月～2005 年 3 月
(2) 資料収集、インタビューなどの第一次質的調査	2005 年 4 月～2006 年 12 月
(3) 量的調査（設計・実査・データ作成）	2006 年 4 月～2006 年 10 月
(4) 第二次質的調査	2007 年 3 月, 2008 年 7 月～2009 年 12 月

専門的な技術に関する詳細な回答を求めるのは困難であること、(3) 企業規模によって製造方法が異なり、画一的な質問が困難なことである。しかし、質的調査は個別事例を知るには優れた調査法であるが、酒造家や上位職にある人々だけでなく、製造現場に従事する人々の就業観を網羅的に知るには物理的な限界がある。そこでわれわれは、第一段階で質的調査を行ない、第二段階では質的調査に加え、量的調査も行なうという二段階の調査方法をとることにした。

表 1-3　インタビュー対象企業・組合

酒造業者・組合	関連業者や団体
黄桜（株）	御香宮神社（名水で有名な伏見地域の氏神）
（株）北川本家	山田ファーム（原料米生産農家）
（株）京姫酒造	（株）菱六（種麹）
キンシ正宗（株）	京都市産業技術研究所工業技術センター（酵母）
月桂冠（株）	（株）西川本店（柿渋）
齊藤酒造（株）	永田醸造機械（株）（醸造機器）
三宝酒造（株）	旧林田機械（株）関係者（3 社）（醸造機器）
招德酒造（株）	西村商店（酒樽）
宝酒造（株）	シュンビン（株）（瓶）
玉乃光酒造（株）	（株）きたむら企画（包装）
鶴正酒造（株）	地酒専門店マルマン（酒販店）
（株）豊澤本店	（株）津乃嘉酒店（酒販店）
花清水（株）	（有）津之喜酒舗（酒販店）
藤岡酒造（株）	（株）トミナガ（酒販店）
平和酒造（資）	日新食品商事（株）（酒粕卸）
（株）増田德兵衞商店	（株）富英堂（菓子製造）
松本酒造（株）	（株）和晃（菓子製造）
都鶴酒造（株）	（株）伏見夢工房（まちづくり会社）
御代鶴酒造（株）	大手筋商店街組合
向島酒造（株）	
（株）山本本家	
伏見銘酒協同組合	
伏見酒造組合	
酒造業者　21 社　組合　2	関連業者・団体　22

4.2 質的調査

われわれは、まず伏見酒造業に関わる資料、文献を中心に、いくつかの酒造業の沿革の公開情報（社史、著書、ウェブサイト）や清酒、伏見地域に関する文献を調べた。また各社への聞き取り調査の際、それぞれで保管されていた古書や当時の貴重な資料を得ることができた。なお、酒造業全体、伏見以外の地域の発展の歴史的経緯などについても、一部大手企業の社史に丁寧な記述が残されており、酒造業を理解する上で大変有効な資料を得た。

さらに伏見に現存する酒造業者の歴史的経緯および現在の取り組みを知るために、各社への全数調査[13]を実施した。2005年度は各社の沿革調査を重点化したが、同時に伏見酒造組合、関連業者への聞き取り調査も始めた。そして2006年度は重層的に伏見の酒造業を理解するために関連業者や団体の調査を重点的に行なった（表1-3）。2007年度以降は、仮説検証に関わる事実確認のための追加調査を行なった。なお、関連業者については補遺1に伏見酒造業との関わりを記載している。

4.3 量的調査

量的調査では、質問紙を用いて従業員への就業意識・行動調査を行なった。これは2005年度の質的調査でとらえることができた酒造業での就業状態をイ

表1-4 質問紙調査実施時期、回収状況

配布時期	2006年7月
配布方法	各社へ郵送
配布企業	17社（22社中協力承諾企業のみ）
回収方法	返信用封筒にて個々人による返送
配布数	441部（製造部門用：248部、事務・営業部門用：193部）
回収数	296部（有効回答率 100％　回収率 67.3％） 従業員数1～99人　72部 　製造職　　　40部 　事務・営業職　32部 　平均年齢　　43.97歳 従業員数100人以上　224部 　製造職　　　111部 　事務・営業職　113部 　平均年齢　　41.27歳

メージしながら、伏見酒造業をとらえる上で浮上した概念と対関係にある従属変数をいくつか設定し、調査項目を作成した。質問紙は、「製造部門用」、「事務・営業部門用」の２種類を作成し[14]、「製造部門用」には、酒造技術に関わる項目を入れており、それ以外の組織や酒造業界に対する意識項目は両方の質問紙で同じものを用いている。配布先については、従業員数の少ない酒造業者には、原則として全従業員数分を配布している[15]。大手の酒造業者には、全従業員数分の配布が困難であったため、企業から指定を受けた配布可能部数を部署窓口に送付し、配布を依頼した。回収は個々人による個別返送を基本とした。調査の詳細は表１−４の通りである。

5　本書の構成

　以下に本書の構成を述べる。「第２章　伏見酒造業の歴史的背景と特性」では、第１節で京都市各区との産業比較から、伏見区の産業構造を概観し、伝統工芸、ハイテク産業に着目されがちな京都の産業の中で、酒造業の生産性の高さが現在でも大きく貢献していることを確認する。第２節では、歴史的経緯から見た伏見地域と伏見酒造業の特徴を示す。伏見が安土桃山時代から城下町、その後も港町として人の往来が活発にあった地域であることを概観し、高い流動性の中で栄えた歴史について述べる。第３節では本書の主なアクターとして酒造家、酒造技術者について説明を行なう。先述のように、本書は酒造業の網羅的な歴史記述や伏見以外の酒造業との比較を目的にするものではないが、伏見酒造業において灘酒造業の存在は背景情報として重要であるため、第４節で概観する。また、本文中に専門的な用語や工程に関わる内容が多少含まれるため、第５節で酒造工程について概説を行なう。最後に第６節では伏見酒造業をとりまく状況についてまとめる。

　「第３章　制約的条件への苦慮と環境耐性」では、１つめの分析視点を検証するために、第１節で制約的条件と環境耐性に関する仮説について述べ、第２節では原料米、労働力、市場確保における苦慮について確認し、これらを乗り越えるために酒造家たちがとった対応について示す。第３節ではこれらの制約

的条件が、伏見酒造業にどのような影響をもたらしたのかについてまとめる。

「第4章　進取的な酒造家たち」では、2つめの分析視点を検証するために、第1節で多様な酒造家たちの集団構造と彼らの進取的な行動に対する仮説を提示している。第2節では全国に先駆けた、あるいは比較的早い時期にとられた俊敏で進取的と考え得る酒造家たちの行動を月桂冠・黄桜・玉乃光・増田德兵衞商店（月の桂）・宝ホールディングス（TaKaRa）[16]の事例から分析する。第3節では、これらの事例から彼らの集団特性についてまとめる。

「第5章　多様な成員の集団秩序」では、3つめの分析視点を検証するために、第1節において多様で進取的な酒造家たちが、無秩序状態にならずに時には協調的な行動をとっていた背景に、協調する必然性があったのではないかという仮説を提示している。第2節では人・米など酒造りに必要な要件の不足を打破するための協調の必然性について、第3節では国の規制に対する酒造家の苦慮を示し、それに抗するための協調の必然性について、第4節では国の支援を得るために伏見酒造業の総意とするための協調の必然性、第5節では自由競争の環境下での秩序維持のための協調の必然性と伏見酒造組合の設立経緯について、第6節では共用財の危機救済のための協調の必然性を示す。第7節ではこれらの困難な状況が彼らにもたらした影響について検討する。第8節では多様な成員の集団秩序がどのように維持されてきたかについてまとめる。

「第6章　酒造技術者の職業人性と地域技術者ネットワーク」では、4つめの分析視点を検証するために、第1節で酒造技術者を取り巻く社会的環境に着目し、彼らが重要な酒造技術に関する情報を共有する要因と考え得る3つの要素から仮説の提示を行なう。第2節では、まず多様な技術者間の技術交流の様子について概観する。第3節では酒造りにおける発酵統制の困難さや重責感から、技術者間の援助・互助行動としての情報共有が行なわれる事例を示す。第4節では、酒造技術者の流動性に着目し、開放的な社会構造における酒造技術情報の共有について検討する。第5節では酒造技術者の専門職としての志向と地域での情報技術交流ネットワークへの参加度、就業観との関係について分析を行なう。第6節では伏見酒造業において多様な流派の酒造技術の情報共有が行なわれやすい要因についてまとめる。

「第7章　伏見酒造業に対する社会学的考察」では、第1節で、これまで検討してきた仮説と検証内容について全体を振り返りながらまとめる。第2節ではこれまで検討してきた内容について、制度、地域の観点から考察を行なう。第3節では分析、考察を踏まえ、本書の結論を述べる。

「エピローグ－伏見酒造業の現在」では、現在の酒造家たちの協調行動および独自行動、酒造技術者、酒販店、農業家、飲食店などが、酒造業の中心である酒造会社に"モノ申す"周辺アクターとして共に酒造業を支える姿を紹介する。

なお、補遺では「1　関連業者の特性」で、清酒製造業と関わりのある業者について概観しており、「2　伏見酒造業の水平ネットワーク」で、酒造家と関連業者の現在の水平ネットワークの様子について詳細を述べている。

注
1　御香宮神社宮司　三木善則氏へのインタビュー（2005年10月）
2　灘酒造業は灘五郷と呼ばれる地域にあり、本書では「灘」および「灘酒造業」と省略して呼ぶ。なお、灘五郷とは、六甲山系の麓、西宮市から神戸市灘区に至る大阪湾沿岸の一帯を指しており、今津、西宮、魚崎、御影、西郷の5つの郷からなる。
3　本書では清酒の生産量をできるかぎり「製成数量」で統一表示する。時代によって呼称および制度が異なるために製成数量の記録がない場合は、販売高、販売量、課税数量を用いる場合もある。なお、製成数量は自社での製造量を指し、販売量は自社以外での製造も含めた総販売数量を指す。
4　府県別の製成数量では酒造地そのもののデータではないが、目安として兵庫県≒灘の製成数量、京都府≒伏見の製成数量と見ることができる。
5　藤本は地域と企業、大学の連携関係について述べている（藤本 2006）。
6　アメリカの西海岸にあるシリコンバレーと呼ばれる比較的狭い地域でHP、Intelなどのハイテク企業やApple、Google、Yahooに代表されるIT企業が発達し、その後、半導体、バイオと次々とハイテクで発展し続けている地域である。
7　クラスターとはブドウの房を指し、集団を扱う時や類型化などの分析単位に用いられる。
8　これらはシリコンバレーの比較的狭い地域を典型的事例として取り上げ、IT技術を中心とした技術力の高い企業、大学、公的機関、ベンチャーキャピタリストなどが地理的近接性を活かしたコミュニケーションを行ない、それぞれが補完的役割を果たし、相乗効果によって発展し、継続するという状態を示したものである（Porter 1998 = 2005）。
9　産業クラスター政策の第1期は平成13年度～平成17年度、第2期は平成18年度～平成22年度。知的クラスター政策の第1期は平成14年度～平成18年度、第2期は平成19年度～平成23年度。
10　ただし、これらの地域には近年、大地震があり、決して条件が整っている地域として楽観できる状況ではない。伏見酒造業はこれらの震災に同業者として支援を行なっている。また文化継承の意味でも酒造業界全体が、困難な状況の中で共に努力を行なっている。
11　計測機器メーカー役員　A氏へのインタビュー（2005年5月）

12 組合員数は 22 より多いが、現在、稼働していない企業、自社で製造していない企業もあるため、稼働中の酒造業者だけに限定した。
13 ただし、他社の子会社、あるいは廃業はしていないが、酒造を行なっていない企業は除く。
14 質問紙は研究所調査の際、管理職用、研究職用、事務職用と 3 種類の質問紙を用いて藤本が行なった方法をベースにしながら、酒造業に適合的な質問に変更して作成した（藤本 2005）。
15 ただし、家族従業者のみで経営が行なわれている酒造業者に関しては、プライバシー保護の観点から調査対象に含めていない。
16 本書では、酒造業を研究対象としているため、全体を通して「宝酒造」（宝ホールディングス株式会社の事業子会社）の表記を用いる。ただし第 4 章では宝ホールディングス全体の事業展開について論じるので「TaKaRa」の表記を用いる。

第 2 章
伏見酒造業の歴史的背景と特性

　本章では、産業構造における伏見酒造業の位置づけを確認したうえで、伏見地域と伏見酒造業の歴史的背景と特性について概観する。

1　産業構造の中の酒造業と伏見地域

1.1　伏見区の立地
　京都市の南端に位置する伏見区は、北は山科区、東山区、南区、東は大津市、南は宇治市、久御山町、八幡市、西は向日市、長岡京市、大山崎町に接している。面積は約 62km^2、境域は東西約 16km、南北約 11km におよび、複雑な形状をなしている (京都市　1991：10)。

1.2　京都市における伏見区の産業別就業者数
　京都市の中心部には御所を中心とした旧市街や寺社仏閣が建ち並ぶ風致地区を規制する条例があり、工場などは郊外の南区、伏見区に集中している。伏見区の産業別就業者数は、他の区と比べて全体的に多く、農業、製造業、電気・ガス・水道・熱供給業、情報通信業、運輸業、卸売・小売業、金融・保険業、不動産業、飲食店・宿泊業、医療・福祉業、複合サービス業、サービス業（他に分類されないもの）、公務（他に分類されないもの）、分類不能の産業といったほとんどの産業において最も多い（教育・学習支援業は 2 位）。図 2 - 2 に示すのは、区別上位 3 業種・産業別就業者数である。さらにこれらの産業のうち、伏見区に事業所を置く「雇用人のある事業主」は、建設業、情報通信業、運輸業、卸売・小売業、分類不能の産業で 1 位、製造業、飲食店・宿泊業、

1　産業構造の中の酒造業と伏見地域　23

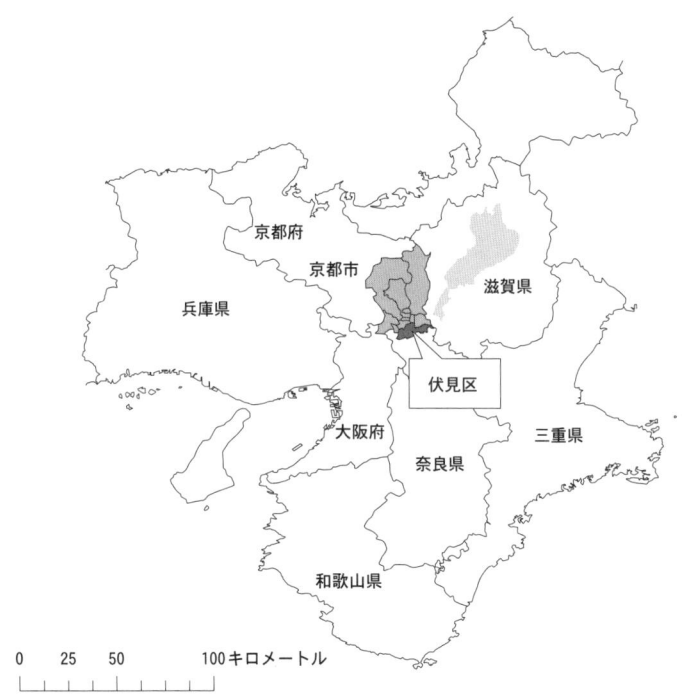

図2-1　京都市伏見区の立地

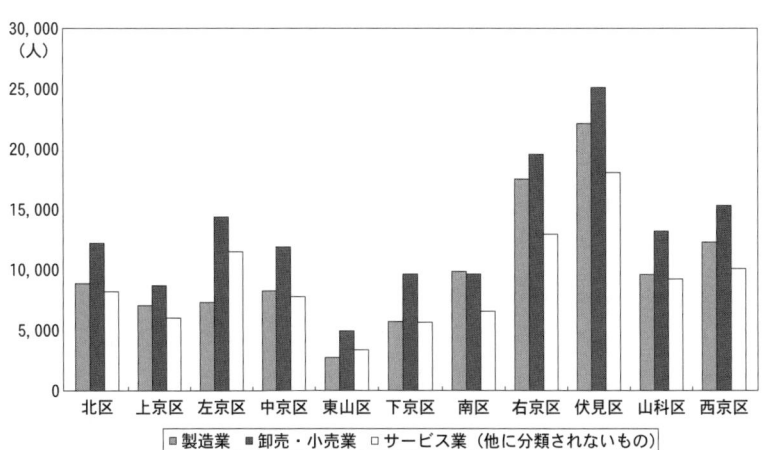

図2-2　京都市区別上位3業種・産業別就業者数
出所：平成17年　国勢調査

サービス業（他に分類されないもの）で2位と非常に多く、伏見区に事業が集中していることがわかる。

1.3 伏見区における酒造業

清酒製造業は「産業大分類 製造業」のうち「産業中分類 飲料・たばこ・飼料製造業」、その中の「産業小分類 酒類製造業」に分類される。産業小分類の市区町村別の粗付加価値額[1]データや国税庁の酒税に関する市区町村別データが公開されていないため、「産業中分類 飲料・たばこ・飼料製造業」から酒造業の粗付加価値額を検討する。まず、表2-1に示すように伏見区における「飲料・たばこ・飼料製造業」35事業所のうち、清酒製造業は29事業所であり、伏見区の「飲料・たばこ・飼料製造業」の事業所の80％以上を酒造業が占めており[2]、就業者数も約70％が酒類製造業に従事している。なお、伏見区役所によれば、伏見区のたばこ製造業は工場のみで販売は別地域で行なわれている[3]。したがって、伏見区の「産業中分類 飲料・たばこ・飼料製造業」の粗付加価値額は、その多くが酒造業で占められていると判断できる。

表2-1 伏見区の飲料・たばこ・飼料製造業の事業所数・就業者数（役員含む）

産業小分類	事業所数	就業者数
清涼飲料製造業	2	17
酒類製造業	29	1,217
茶・コーヒー製造業	3	18
製氷業	—	—
たばこ製造業	1	502
産業中分類計	35	1,754

出所：平成18年度事業所統計データ

1.4 伏見区での酒造業の粗付加価値額

表2-2に示すのは、京都市、伏見区、「飲料・たばこ・飼料製造業」の粗付加価値額である。京都市の製造業の中で伏見区の製造業の粗付加価値額は21％を占め、「飲料・たばこ・飼料製造業」は、京都市の12％、伏見区の55％を占める。伏見区の中で「飲料・たばこ・飼料製造業」の粗付加価値額が非常に大きいことがわかる。

表2-2　京都市、伏見区における「飲料・たばこ・飼料製造業」の粗付加価値額

	粗付加価値額（万円）	対京都市比	対伏見区比
京都市製造業	98,998,256		
伏見区製造業	20,938,266	21%	
伏見区「飲料・たばこ・飼料」製造業	11,550,347	12%	55%

出所：平成17年工業統計表

次に表2-3に示すのは京都市、伏見区、「飲料・たばこ・飼料製造業」の一人当たりの粗付加価値額と給与である。「飲料・たばこ・飼料製造業」の従業員一人当たりの粗付加価値額は非常に高く、伏見区製造業の4.1倍、京都市製造業の5.4倍であり、京都市粗付加価値額比の中で伏見区の「飲料・たばこ・飼料製造業」が最も高い。他の地域と比較すると南区で一人当たりの粗付加価値額が最も高い「窯業・土石製品製造業」が、京都市製造業一人当たりの粗付加価値額の3.4倍の2位であり、「飲料・たばこ・飼料製造業」の粗付加価値額が非常に高いことがわかる。

さらに伏見区の「飲料・たばこ・飼料製造業」の現金給与総額を従業員数で除した「一人当たりの平均給与」は、伏見区製造業平均給与、京都市製造業平均給与のいずれも1.7倍であり、これも各製造業中の平均の中で最も高い。先述したように伏見区の「飲料・たばこ・飼料製造業」のほとんどが酒造業とみなせることから、京都市製造業の中で伏見区の酒造業が大変重要な産業であることがわかる。次節では伏見地域と伏見酒造業の歴史的背景を振り返る。

表2-3　伏見区の「飲料・たばこ・飼料製造業」の平均給与、一人当たりの粗付加価値額

一人当たりの粗付加価値額（万円）	伏見製造業粗付加価値額比	京都市製造業粗付加価値額比	一人当たりの平均給与（万円）	伏見製造業給与平均比	京都市製造業給与平均比
7,334	4.1	5.4	749	1.7	1.7

出所：平成17年度事業所統計データ

2　伏見地域と伏見酒造業の歴史的背景

2.1　伏見地域の歴史－江戸初期までの推移

伏見地域は昔も今も豊かな自然環境に恵まれた土地である。その東域には緑

豊かな丘陵が連なり、西域には桂川と鴨川、そして、南域には宇治川が流れる。それら3つの河川は淀川と合流し、大阪へとつながる。また、かつては宇治川以南に巨椋池（おぐらいけ）という広大な湖沼が広がっていたが、昭和初期の大干拓事業により姿を消した。さらに、伏見の地下には良質な水が潤沢にある。このような自然条件は、伏見地域の歴史的背景を振り返るうえで重要な意味をもつ。

　歴史をさかのぼると、早くも奈良時代には伏見は風光明媚な観月の地として広く知られており、万葉集には柿本人麻呂の作とされる「巨椋の入江と響むなり　射目人の伏見が田居に　雁渡るらし」が収められている。平安時代には伏見は都の貴族たちの遊興地となり、当地には壮麗な別荘が多く築かれることになった。

　時代が下り、桃山時代になると、戦国の世を征した豊臣秀吉が東域の丘陵地に絢爛豪華な伏見城を築き、周囲に大規模な城下町を整備した。秀吉が伏見の地に政治・軍事拠点を設けることになったのは、京の都から至近距離にあるとともに、東海道や中山道へのアクセスも容易であるという立地条件の政治・軍事的意味を意識してのことであった。また、その時代に秀吉の命により宇治川の治水工事ならびに伏見港の整備が進められ、淀川水系を利用した伏見・大坂間の水上輸送が大きな発展を遂げた。「三十石船」と呼ばれる客船が両地間を

安藤広重「くらわんか船」に描かれた三十石船
提供：交通科学博物館

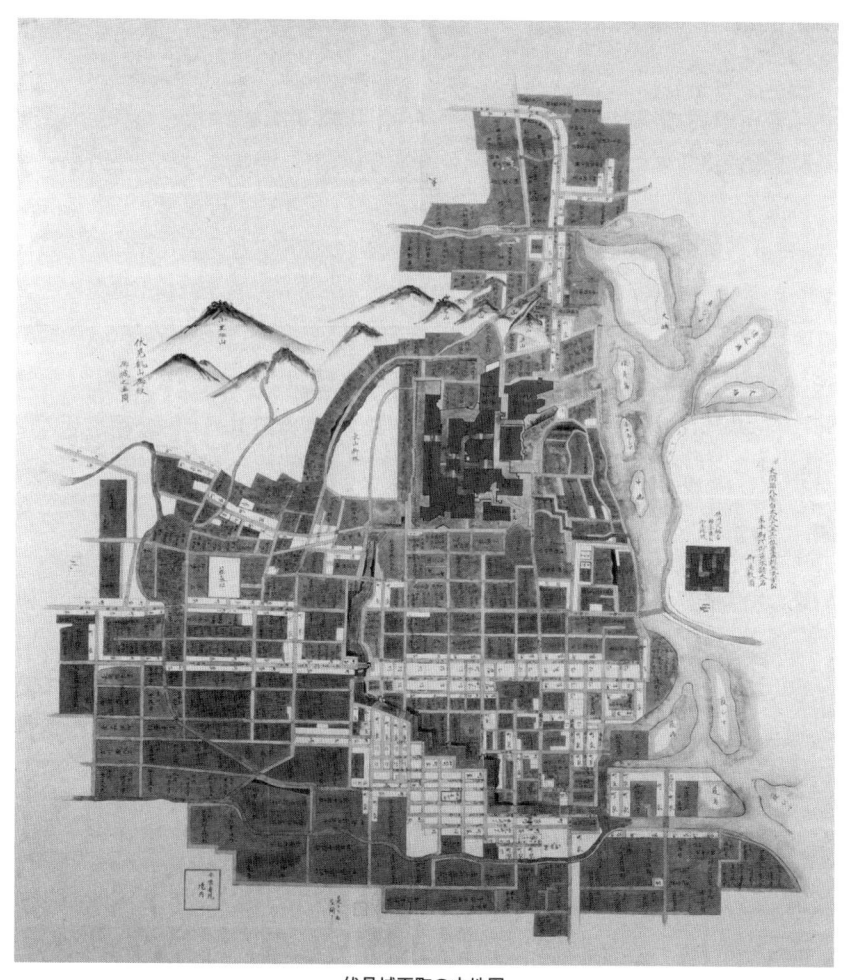

伏見城下町の古地図
提供：月桂冠株式会社

定期的に行き交うようになるのもこの時期である。

　秀吉没後に天下を征した徳川家康もしばらく伏見を拠点とし、そこから大坂方に睨みをきかせたが、大坂城攻めが終わり、天下泰平の世になると、伏見という土地の政治・軍事的意味は次第に薄れていった。1625（寛永2）年、伏見城は廃城となり、当地は城下町としての機能を失うことになった。しかし、そ

れによって伏見が歴史の表舞台から消え去ったわけではない。伏見城廃城よりさかのぼること11年前の1614（慶長19）年、京都の豪商 角倉了以によって京都と伏見を結ぶ人工河川、高瀬川が開かれた。これにより、京都・大坂間の水上輸送がさらなる発展を遂げ、中継港としての伏見港には「三十石船」や「高瀬船」をはじめとする大小さまざまな客船・貨物船が行き交うことになった。また、その時期には全国の街道・宿場制度が整備され、伏見は江戸から京都に至る東海道と大坂とを結ぶ街道の宿場町としても重要な役割を果たすことになった。天領とされた伏見には、幕府の伝馬所が設置され、参勤交代の西国大名が立ち寄るための本陣や大名屋敷が多く建てられた。こうして港町・宿場町としての機能を大いに高めた伏見には、大名一行をはじめさまざまな身分の人々が行き交うとともに、港町・宿場町のさまざまなサービス業の担い手たちが各地から流入するようになった（伏見酒造組合 2001；京都市 1991；聖母女学院短期大学伏見学研究会 1999, 2003；月桂冠大倉記念館HP）。

　以上のように、伏見地域は、豊かな自然環境に恵まれた土地であるとともに、都人の遊興地、天下人の城下町、多くの旅人が行き交う港町・宿場町といった重層的で流動的な歴史的背景を備えた土地でもある。伏見地域の代名詞というべき酒造りの伝統もやはり当地の豊かな自然と歴史の中で育まれ、長期にわたって受け継がれてきたものである。

2.2 伏見酒造業の成り立ちと発展軌跡

　ここでは主に『伏見酒造組合一二五年史』を参考に、伏見酒造業の成り立ちと発展軌跡を振り返る（伏見酒造組合 2001）。

　伏見地域における酒造りの歴史は古く、古代に帰化した渡来人の秦氏によって始められたものが起源とされている。時代が下り、江戸初期に伏見が港町・宿場町としての機能を高める中で、地元での酒需要が大いに高まったため、当地では酒造業者数ならびに製成数量が著しい増加を見せた。幕府によって「造酒株」[4]（酒造業者に対する免許鑑札）が定められた1657（明暦3）年時点で伏見において「造酒株」を備える酒造業者は83軒、造米高（生産量）[5]は15,611石（1石＝180ℓ、一升瓶100本）を数えた。その頃には伏見の地は、

地元供給が主であったが、その時期に「下り酒」(上方から江戸へ供給される清酒)の産地として勃興した摂津国の伊丹や池田[6]とともに銘醸地として世に知られていた。

それから 350 年後の今日においても伏見の地は全国有数の酒造地であり続けているが、その 350 年間の歩みは決して順風満帆なものではなかった。伏見の酒造業者たちは、幕府による京都洛中市場からの締め出し、近江酒の伏見市場への流入、近江市場からの締め出し、小売業者や米問屋との度重なる衝突など苦労を重ねた。明暦年間より 200 年を経た 1866(慶應 2)年には伏見において造酒株を備える酒造業者は 28 軒、造米高はわずか 2,470 石にまで減少していた。このような江戸末期における伏見の姿は、江戸中期以降に下り酒の新興産地として急成長を遂げ、全国随一の酒造地となっていた灘の姿とは対照的であった。

明治維新期の「鳥羽伏見の戦い」は伏見地域ならびに伏見酒造業に甚大なダメージを及ぼし、明治に入ってからもしばらく不振が続いたが、そこでも酒造業者たちは苦難に耐え、存亡の危機を乗り切った。その後、明治新政府による国内市場の自由化や交通輸送機関の発達などに伴って産地間の競争が激化することになるが、こうした環境変化の中で伏見でも一部の酒造家が、鉄道を利用した東京方面への市場拡大、技術ならびに経営の近代化といったさまざまな新しい試みに挑戦した。それが功を奏し、伏見酒造業は明治半ば以降に急激な成長を遂げ、1885(明治 18)年度に 22,497 石(全国の 0.9%)であった製成数量が、それから 34 年後の 1919(大正 8)年度には 104,416 石(全国の 1.7%)まで拡大していた[7]。このように、明治・大正期において、伏見は全国有数の酒造地としての地位を確立することになった。

大正半ば以降、全国ならびに灘の製成数量は頭打ちとなったが、伏見に限っては多少の増減を繰り返しながらも増加傾向を維持しており、1937(昭和 12)年度には戦前最高値の 145,786 石(全国の 3.3%)を記録した。しかし、それ以降、伏見酒造業を取り巻く環境は悪化の一途をたどる。戦時体制への移行の中で重要物資に対する国家規制が強化されるようになり、酒という奢侈品を製造する酒造業界は縮小を余儀なくされ、伏見酒造業もその例に洩れず、1945

（昭和20）年度には製成数量が24,960石にまで減少した。

　戦争が終結しても、酒造業界は戦争のダメージからただちに立ち直ることができなかったが、1950（昭和25）年に始まる朝鮮戦争時の「特需景気」によりようやく回復基調を示すようになった。1950年度に30,867石だった伏見の製成数量は、それから5年後の1955年度には89,612石（16,130kl）、1960年度には158,096石（28,457kl）を記録した。その後も、高度経済成長期における空前の好景気を背景に、清酒の需要は大きな伸びを見せ、伏見でも各社において増産に次ぐ増産が図られた。一部の酒造業者において「四季醸造」（冬季だけでなく年中を通して安定的に醸造を行なうこと）が始められるようになるのもこの時期である（第4章にて詳述）。その後、伏見の製成数量は増加の一途をたどり、1965（昭和40年）年度には282,842石（50,911kl）、そして1970年度には431,777石（77,683kl）（全国の約6％）を記録した[8]。

　このように高度経済成長期には急激な拡大成長を遂げた伏見酒造業であったが、右肩上がりの時代は長く続かなかった。1973（昭和48）年の第1次オイルショックは日本経済に甚大なダメージを及ぼすことになるが、伏見においてもその影響は大きく、1974年度の伏見の製成数量は前年の547,628石（98,573kl）（全国の約7％）から462,972石（83,335kl）へと1950年代以降では初めての減産となった。その後は、経済不況や清酒価格上昇に加えて、酒類の多様化・競争激化、食生活の変容などといった事情が重なり、若年層を中心に清酒離れが急激に進むようになった。全国の製成数量は1970年代半ば頃をピークとして、その後は減少傾向を示したが、伏見に限っては多少の増減を繰り返しながらも増加傾向を維持し、1995（平成7）年度には史上最高値の614,650石（110,637kl）（全国の約11％）を記録した[9]。

　1990年代初頭のバブル崩壊以降、日本経済は長期不況に陥り、多くの酒造業者がダメージを受けた。年号が平成になった頃から、級別制度の廃止[10]や酒類販売規制の大幅な緩和が進められたことで、清酒業界全体が大きな転換期を迎えることになった。こうした環境変化の中で、伏見の酒造業者たちはそれぞれに企業努力を行なうとともに、組合単位で協力して伏見酒のPR、地下水の保全対策、容器リサイクル問題の解決、共同配送の推進などに取り組んでき

た。その甲斐あって、伏見における製成数量の減少幅は他産地に比して緩やかなものにとどまっている。2007（平成19）年度における全国の製成数量は約283万石（約51万kl）で、ピーク期の1970年代半ば以降の30数年間に60％強も減少しているのに対し、同年の伏見の製成数量は482,411石（86,834kl）（全国の約17％）であり（伏見醸友会 2008）、その30数年間において10％程度しか減少していない。そのため、伏見で製造される清酒の絶対量は微減傾向にあることから、その全国製成数量に占める割合はむしろ大幅に高まっている（1970年代半ば：7％前後、1990年代半ば：11％前後、2000年代末：17％前後）。

以上のように、伏見酒造業は、江戸初期に港町・宿場町の発展とともに勃興した後、江戸後期～明治初期の縮小、明治半ば～昭和初期の拡大、第二次世界大戦中の縮小、高度経済成長期の拡大、そして、平成不況以降の縮小（ただし、他産地に比べて縮小の度合いが緩やか）というように拡大と縮小を繰り返しながら今日に至っている。

2.3 伏見の地域文化資産

古くから酒造業関連施設が局地的に集中した伏見の旧市街地では今も昔ながらの風情を留める酒蔵が多く見られ、ノスタルジックな雰囲気を醸し出している。最近、当地の酒造施設に備わる文化資産としての可能性が注目を集めており、それを目当てに当地を訪れる観光客が増加している。最近では2007（平成19）年に経済産業省が、日本の産業近代化に大きく貢献した全国各地の産業・土木施設575件を「近代化産業遺産」（33件の遺産群）に認定しており、その際、「日本酒製造業の近代化を牽引した灘・伏見等の醸造業の歩みを物語る近代化産業遺産群」の一つとして、伏見から月桂冠ならびに松本酒造の酒造施設が選ばれている（詳しくは経済産業省「近代化産業遺産群33」を参照）。近年の世界的な産業遺産への関心の高まり（国内では石見銀山の世界遺産登録に象徴される）、清酒ブーム、京都を訪れる外国人観光客の増加といった諸事情を考慮すると、伏見には国内だけでなく海外からもいっそう多くの観光客を引き付け得る可能性が備わっているといえよう。

月桂冠大倉記念館　　　　　　　　　　　松本酒造

3　伏見酒造業の特性

3.1　酒造家の特性

　酒造業は非常に高額の原料米購入費用を必要とすることから、資産家および庄屋型の酒造家が多い。かつて庄屋型の酒造家は「他者の土地を踏まずに駅まで行ける」といわれ、伏見酒造業の酒造家も不動産をはじめとする資産をもつ者が多い。さらに現在、70歳以上の先代社長世代でさえ当時では少なかった大卒者が多い。したがって酒造家は高階層に位置づけられる所得層の人々といえる。第5章で詳述するが、伏見酒造業が困難に直面した際、大学の研究室から支援を受けた例もあり、高学歴な酒造家たちにとって大学が身近な存在であったことがうかがえる。

　図2-3は、2009年10月現在の伏見酒造組合員24社の所在地を示す地図である（表2-4の番号と対応）。表2-4は、2009（平成21）年10月現在の伏見酒造組合員24社および2000（平成12）年9月以降に組合を脱退した企業10社（網掛箇所）の企業名、商標、創業年、創業地を示したものである。表2-4に示したデータを分析すると、まず創業年については、2000（平成12）年9月時点で組合員であった34社のうち江戸時代に創業が16社、明治～昭和初期に創業が11社、戦後に創業が4社、創業年不明が3社であった。創業年不明3社を除く31社のうち22社が2000年時点で創業100年以上の老舗であ

3 伏見酒造業の特性 33

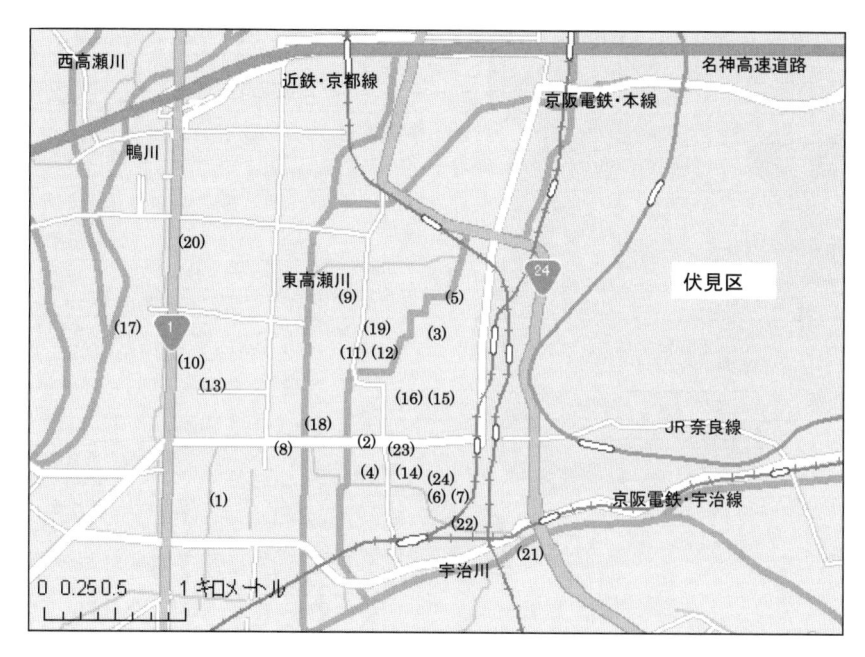

図2-3 伏見酒造組合員24社所在地図 ＊数字は表2-4の番号

り、その中には江戸初期から300年以上にわたって伏見の地で酒造りを行なってきた企業5社（月桂冠、北川本家、向島酒造、増田德兵衞商店、山本本家）も含まれている。

創業地については、2000（平成12）年9月時点で組合員であった34社のうち伏見で創業が19社、伏見以外で創業が15社（そのうち京都（洛中）6社、和歌山3社、大阪2社、その他4社）であった。伏見以外で創業した15社の伏見への移転時期（備考欄に記載）を見ると、明治〜昭和初期が4社、戦後が11社（うち10社が1950〜60年代に伏見へ移転）であった。このように、伏見では、酒造業者の出自が多様であり、しかも、高度経済成長期頃まで他地域からの新規参入が盛んであったことがうかがえる。

2009（平成21）年10月時点における伏見酒造組合員24社の企業規模について概観すると、従業員数が100人を超える企業は月桂冠、宝酒造、黄桜の3社で、これらは高度経済成長期以降一貫して清酒製造業大手10社に数えら

表 2-4　2009 年 10 月現在の伏見酒造組合員（網掛は 2000 年 9 月以降に脱退した元組合員）

	企業名	商標	創業年	創業地	備考
(1)	黄桜㈱	黄桜	1925 年	伏見	1970 年代半ば以降、丹波でも製造。
(2)	㈱北川本家	富翁	1657 年	伏見	
(3)	共同酒造㈱	美山	不明	伏見	1970 年、月桂冠が伏見鶴酒造を買収し設立。
(4)	㈱京姫酒造	京姫	1918 年	伏見	1974 年、埼玉の小山本家酒造が岡本酒造（1918 年創業）を買収し設立。
(5)	キンシ正宗㈱	キンシ正宗	1781 年	京都	1881 年、伏見移転。
(6)	月桂冠㈱	月桂冠	1637 年	伏見	創業者は笠置（京都府南部）出身。
(7)	㈱小山本家酒造伏見工場	世界鷹	1808 年	埼玉	1995 年、埼玉の小山本家酒造が有井酒造の酒造施設を買収し伏見工場を設立
(8)	齊藤酒造㈱	英勲	1895 年	伏見	
(9)	招德酒造㈱	招德	1645 年	京都	大正末期に伏見移転。
(10)	宝酒造㈱	松竹梅	1842 年	伏見	「松竹梅」はもともと灘の酒造業者の商標。
(11)	玉乃光酒造㈱	玉乃光	1673 年	和歌山	1952～70 年に漸次的に伏見移転。
(12)	鶴正酒造㈱	鶴正宗	1891 年	伏見	1970 年、大手酒類卸業者の日酒販が谷酒造本店（1891 年創業）を買収し設立。
(13)	㈱豊澤本店	豊祝	江戸末期	大阪	1953 年、伏見移転。創業者は九州出身。
(14)	東山酒造㈲	坤滴	不明	京都	1967 年、黄桜の傘下に入り、伏見移転。
(15)	藤岡酒造㈱	万寿長命	1902 年	京都	1910 年、伏見移転。
(16)	平和酒造㈾	慶長	1744 年	伏見	創業者は大阪出身。
(17)	㈱増田德兵衛商店	月の桂	1675 年	伏見	
(18)	松本酒造㈱	日出盛	1791 年	京都	1922 年、伏見移転。
(19)	松山酒造㈱	明君	不明	三重	1958 年、月桂冠の傘下に。1967 年、伏見移転。
(20)	都鶴酒造㈱	都鶴	1971 年	伏見	1970 年、伏見八田鶴酒造の清酒製造権と中野酒造所有の商標「都鶴」を取得し設立。
(21)	向島酒造㈱	ふり袖	1657 年	伏見	
(22)	㈱山本勘蔵商店	鷹取	1936 年	伏見	創業者は大阪出身。
(23)	㈱山本本家	神聖	1677 年	伏見	
(24)	伏見銘酒協同組合	—	1989 年	伏見	山本本家、豊澤本店、鶴正酒造、平和酒造、向島酒造による共同製造のための組合。
	北川酒造㈱	仙界	1890 年	伏見	2000 年 9 月以降に廃業。
	三宝酒造㈱	金瓢	1869 年	京都	1969 年、伏見移転。2000 年 9 月以降に廃業。
	花清水㈱	花清水	1941 年	丹波	1966 年、伏見移転。2000 年 9 月以降に廃業。
	㈱福光屋伏見支店	福正宗	1625 年	金沢	1958 年、金沢の福光屋が伏見支店を設立。2000 年 9 月以降に廃業。

富士酒造㈱	菊富士	1956 年	伏見	中国引揚者により設立。2000 年 9 月以降に廃業。
古林酒造㈱	大御所	1875 年	大阪	1954 年、伏見移転。2000 年 9 月以降に廃業。
御代鶴酒造㈱	御代鶴	1800 年	和歌山	1968 年、伏見移転。2000 年 9 月以降に廃業。
メイセイ酒造㈱	名聲	1877 年	和歌山	1965 年、伏見移転。2000 年 9 月以降に廃業。
名誉冠酒造㈱	名誉冠	1864 年	伏見	2000 年 9 月以降に廃業。
吉村酒造㈱	百万弗	1917 年	伏見	2000 年 9 月以降に丹波に移転し、組合脱退。

出所：伏見酒造組合（2001）の記載内容をもとに筆者作成。

れてきた。製成数量に関しては、2007 年度に酒造を行なった製造場 20 場のうち、4,000kl 以上が 3 場、2,000 〜 4000kl 未満が 1 場、1,000 〜 2,000kl 未満が 2 場、500 〜 1,000kl 未満が 4 場、500kl 未満が 10 場であった。製成数量 4,000kl 以上の 3 場で製成される酒の総量が伏見全体に占める割合は 87.2％に上っており、その 5 年前（2002 年度）に比べて 9 ポイントもの伸びを見せている（伏見醸友会 2008）[11]。

　伏見における酒造家間（特に大手と中小の間）の関係について言及すると、当地では中小企業の多くが圧倒的な規模を誇る大手企業と主従関係にあるわけではなく、大手企業とは異なる方法で新たな市場開拓、売上向上に努めている。それが可能であるのは、そもそも酒造家は、たとえ中小規模であっても大きな資産をもつ高階層の人々であり、このことが彼らに経済的独立性をもたらしているからである。これは伏見に限ったことではないが、都市部に立地する伏見は地方に比べて地価が高く、それに付随し酒造家たちの保有資産の価値も相対的に大きいと推察される。

　伏見酒造家の同業者組合組織である伏見酒造組合の歴史と現状についても概観すると、当組合は 1875（明治 8）年に設立された「伏見酒造家集会所」を起源とし、その後、計 5 度の改称、再編を経て、「酒税の保全及び酒類業組合等に関する法律」（通称「酒団法」）が施行された 1953（昭和 28）年に現体制となった[12]。1953 年時点での組合員数は 31 社であり、うち 2009（平成 21）年 10 月まで続く組合員は 16 社である。組合員数が最も多かったのは 1960 年代後半の 45 社である。1953 年以降に組合員になった企業の総数は 54 社であ

る。2009年10月現在の組合員数は24社である（酒造組合が果たしてきた役割については第5章にて詳述する）。

3.2 酒造技術者の特性

　かつて清酒の製造現場は「杜氏集団」と称される技能集団によって担われるのが一般的であった。杜氏制度が確立されるのは、時の政治権力の統制により清酒製造が冬季のみ行なわれるようになった江戸初期のことである。杜氏集団とは冬季にのみ酒造場に勤務する季節労働者であり、夏季は郷里で農林漁業に従事していた。杜氏を輩出する地域（全国各地に広がるが、特に東北、信越、北陸、北近畿、山陰に多い）は、たいてい豪雪地帯の農漁山村であり、酒造地への出稼ぎは閑散期の貴重な現金獲得手段であった。一方、冬季に製造を行なう酒造場では冬季に労働力需要が高まるので、こうした季節労働者の雇用は非常に合理的であった。杜氏集団の頂点に立つ杜氏は、酒造家から酒造りを一任され、酒造りに関わる予算立案から収支の管理、全製造工程の監督、さらには杜氏集団の組織編成や労務管理に至るまでを一手に取り仕切った。それに対して酒造家は資金や設備の調達と管理、商品の販売、営業といった外向きの業務に専念し、製造に関して杜氏に口出しすることはなかった。製造現場の最高責任者である杜氏には酒造りに関わる大きな権限が与えられたわけであるが、その分、杜氏にかかる責任は極めて重かった。このように、伝統的な酒造場においては酒造家（経営）と杜氏・蔵人（製造）の間で明確に役割が分かれていた。

　次章にて詳述するが、伏見でも江戸初期より酒造場に冬季のみ雇用される杜氏・蔵人が多く見られ、出身地は越前、丹後、但馬が多かった。明治以降の伏見酒造業の発展の中で酒造場に雇用される杜氏集団の絶対数ならびに流派の多様性も増してゆき、ピーク期の1970（昭和45）年前後には伏見全体で約1,400人の杜氏・蔵人が勤務していた。当時の伏見における杜氏・蔵人の出身地は、越前を中心に、丹波、丹後、但馬、広島、能登、越後と多岐にわたっていた[13]。

　しかし、高度経済成長期以降、国全体の産業構造ならびに就業構造の変化に

3 伏見酒造業の特性　37

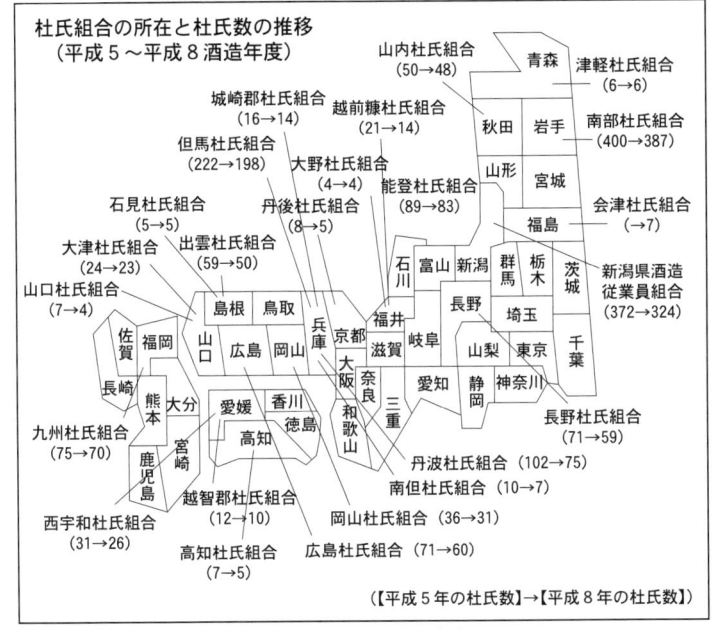

```
杜氏組合の所在と杜氏数の推移
（平成5～平成8酒造年度）

山内杜氏組合 (50→48)
津軽杜氏組合 (6→6)
城崎郡杜氏組合 (16→14)
越前糠杜氏組合 (21→14)
南部杜氏組合 (400→387)
但馬杜氏組合 (222→198)
大野杜氏組合 (4→4)
会津杜氏組合 (→7)
石見杜氏組合 (5→5)
丹後杜氏組合 (8→5)
能登杜氏組合 (89→83)
大津杜氏組合 (24→23)
出雲杜氏組合 (59→50)
新潟県酒造従業員組合 (372→324)
山口杜氏組合 (7→4)
長野杜氏組合 (71→59)
九州杜氏組合 (75→70)
丹波杜氏組合 (102→75)
南但杜氏組合 (10→7)
西宇和杜氏組合 (31→26)
越智郡杜氏組合 (12→10)
岡山杜氏組合 (36→31)
高知杜氏組合 (7→5)
広島杜氏組合 (71→60)

【平成5年の杜氏数】→【平成8年の杜氏数】
```

図2-4　全国の杜氏組合
出所：月桂冠株式会社HP

より杜氏集団の後継者不足が顕在化し、酒造業界において問題視されるようになった。こうした環境変化の中で多くの酒造業者（特に規模の大きい企業）が大掛かりな設備投資による製造工程の機械化・連続化・自動化を推し進めるとともに、年中雇用社員（高等教育機関で醸造学を学んだ技術者）を主体とした製造現場体制の構築を図ることになった。酒造現場における季節雇用から年中雇用へという動きは大きな時代の流れであるといえるが、すぐさま完全な置換が生じたわけではなく、(1)杜氏・蔵人のみ、(2)杜氏・蔵人・酒造技術者、(3)酒造技術者のみ、(4)酒造技術者・蔵人、(5)酒造家兼杜氏の5パターンが混在しつつ、今日に至っている。伏見も全国的な流れと同様の傾向であったが、人数の減少については以下の通りである。1989（平成元）年には664人の季節労働者が勤務していたが、その頃より減少の加速度が増した。2002（平成14）年には131人（酒造場数20）に、そして2007（平成19）年にはわずか39名

（酒造場数8）にまで減少している（伏見醸友会 2008）。

4　灘酒造業の存在

　第1章で触れたように、本書は酒造業の網羅的な歴史記述や伏見以外の酒造業との比較を目的にするものではないが、伏見酒造業の発展プロセスにおいて灘酒造業の存在が重要であるため、ここで背景情報として概観する。

　灘は江戸時代に「摂泉十二郷」と総称された大坂近辺の「下り酒」の産地群の中で後発でありながら最も大きな発展を見た地域である[14]。18世紀後半に一躍、全国一の酒造地となった灘は、その後200年以上にわたってその地位を保ち続け、今日においても全国清酒製成数量のおよそ3割を製造している。2009（平成21）年10月現在で灘五郷酒造組合の会員数は30社であり[15]、その中に全国清酒販売量トップ10のうちの6社（白鶴酒造株式会社、菊正宗酒造株式会社、沢の鶴株式会社、辰馬本家酒造株式会社（白鹿）、日本盛株式会社、大関株式会社）が含まれている。

　灘酒造業と伏見酒造業は長年にわたってライバル関係にあり、清酒市場において熾烈な競争を繰り返してきたが、その一方で、後発の伏見酒造業者が灘の

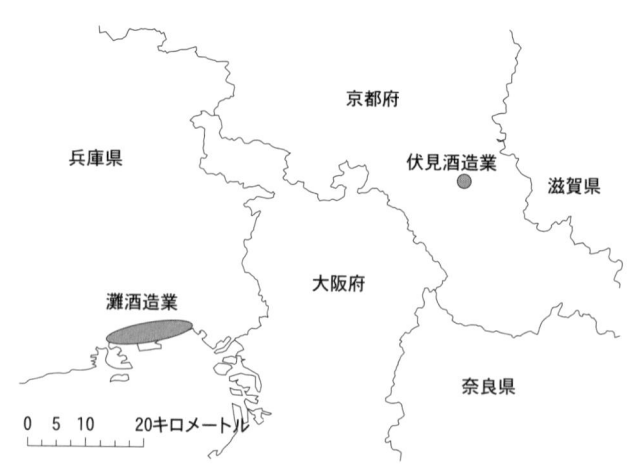

図2-5　伏見酒造業と灘酒造業の立地

先進的な酒造技術を学び、追いつき追い越そうと努力を重ねた時期があったことも事実である。その顕著な例が月桂冠の灘への進出であり、1899（明治32）年、同社は灘の酒造技術を学習するために当地の酒造権を取得して組合メンバーとなり、当地で製造を行なうに至っている（その後、月桂冠の灘での製造は2003年（平成15）年まで続いた）。

　灘酒造業も伏見酒造業も高度経済成長期に大量生産システムの構築に成功し、清酒のナショナルブランドといえば灘と伏見という時代が長く続いてきた。そのため、両者は地酒ブランドとの対で一括りにされることが多いが、実際には両者の発展・継続メカニズムは大きく異なっている。灘は、水、米、人（杜氏）、輸送のすべてに関して非常に恵まれた立地条件にあった。まず水に関しては、幕末期に西宮で「宮水」と呼ばれる良質の伏流水が発見され、酒造りに使用されるようになった。米に関しては、全国有数の清酒原料米産地である播州地方（特に現在の三木市、加東市一帯）に近く、原料米の確保という点でも立地条件に恵まれていた。人に関しては、もともと他地域に杜氏を供給する地域であり、全国有数の杜氏輩出地域である丹波地方（特に現在の篠山市一帯）にも近く、酒造技術者の確保という点でも立地条件に恵まれていた。そして、輸送に関しては、かつて船が貨物輸送の根幹を担った時代、上方と江戸を結ぶ廻船の積出港に近く、江戸という一大消費地へのアクセスという点でも立地条件に恵まれていた。それに対して、次章で詳述するが、伏見は水以外の要件がすべて不足するという制約的条件にあり、それを乗り越える必要に迫られた。それゆえ伏見は先を行く灘の存在を意識しつつも、灘とは異なる戦略を模索しなければならなかったのである。

　第4章で詳述する月桂冠のエピソード（四季醸造の技術開発）が象徴するように、伏見酒造業にとって灘に先んじるということが技術開発や販売戦略における大きなモチベーションになってきたという歴史的経緯があり、灘の存在なしに伏見の発展はありえなかったに違いない。とはいえ、伏見酒造業はただ灘酒造業の模倣ばかりをしてきたわけではなく、反目し合ってきたわけでもない。たとえば、企業間では激しい競争が行なわれてきたが、技術者個人の間では企業や地域を越えた交流が盛んに行なわれてきた。阪神淡路大震災（1995

年）の折には、伏見の酒造業者が灘の同業者に対して飲料水の供給、見舞金の送付、瓶詰めの代行、委託醸造といった支援を行なっている。このように、伏見酒造業にとって灘酒造業はまさに"好敵手"と呼ぶにふさわしい存在であり続けてきた（伏見酒造組合 2001）。

なお、本書は伏見酒造業と灘酒造業の対比に焦点を置くものではないので、ここでは概要説明だけに留める。

5　清酒製造工程の概要

本書は技術論に焦点を置くものではないが、酒作りの難しさを記述している章もあるため、ここでは清酒製造工程の概要を示しておく。図2-6に示す

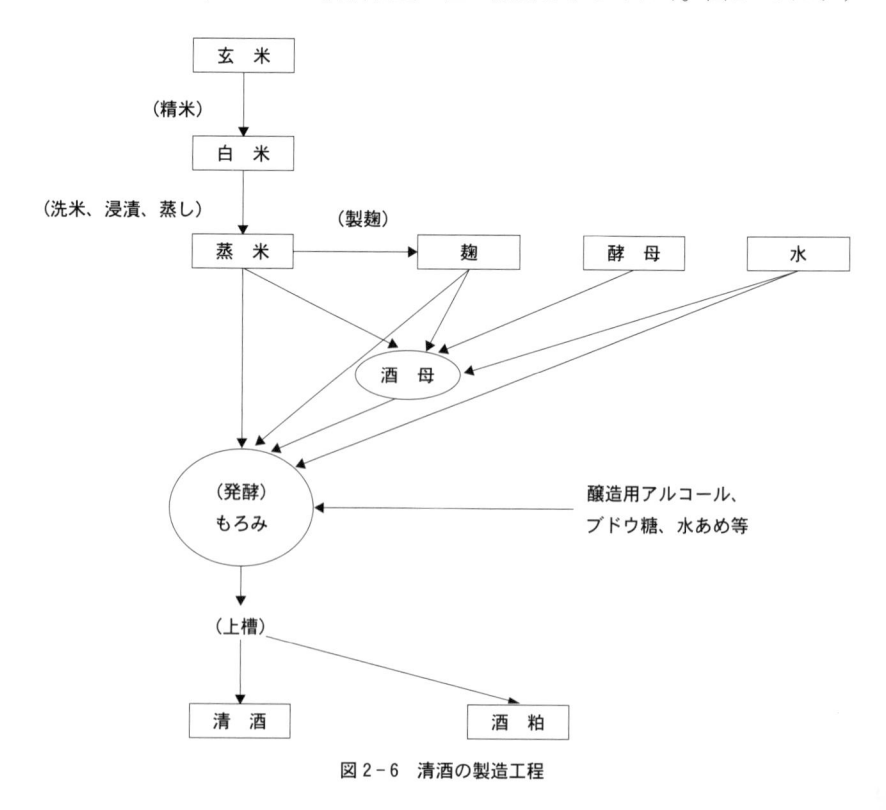

図2-6　清酒の製造工程

ように、清酒の製造工程は、仕入れた玄米の「精米」に始まり、「洗米」、「浸漬」、「蒸し」、「製麴(せいぎく)」と続く。製麴は、蒸米に麴菌を振りかけ、蒸米の上で麴菌を繁殖させる工程であり、麴菌には澱粉質を糖質に分解する働きがある。それに続く「酒母づくり」は、麴・水・蒸米・酵母を混ぜ合わせて酒母を培養する工程であり、酒母には糖分をアルコールと炭酸ガスに分解する働きがある。次の「もろみづくり」は、酒母に麴・水・蒸米を加えてもろみをつくる工程であり、もろみの中で麴による糖化作用と酵母によるアルコール発酵が同時に進行する（並行複発酵）。そして、一連の製造工程の最後に来るのが「上槽」（酒しぼり）であり、これにより、発酵を終えたもろみが酒と酒粕に分かれる。

6 まとめ

　本章の内容をまとめると、京都市の南端に立地する伏見区は、製造業をはじめとするほとんどの産業において市内随一の規模を誇っており、その伏見区内にあって酒造業は特に重要な位置を占めている。伏見地域の代名詞というべき酒造りの伝統は当地の豊かな自然と歴史の中で育まれ、長期にわたって受け継がれてきたものであるが、その歩みは決して順風満帆なものではなく、江戸初期に勃興して以降、拡大と縮小を繰り返しながら今日を迎えており、その歩みにはさまざまな苦難とその克服に関するエピソードがある。

　このような歴史的経緯をもつ伏見酒造業を構成する諸アクターのうち、まず酒造家は、出自が多様であり（創業地が伏見以外のケースも多い）、老舗企業と新興企業、大企業と中小企業が併存しており（それぞれが主従関係にない）、大きな資産をもつ高階層の人々であるといった特性を示している。また、かつて酒造技術者といえば季節雇用の杜氏集団であることが一般的であったが、その時代において伏見ならではの傾向として杜氏集団の出自が多様であるという点をあげることができる。杜氏集団の後継者不足が顕在化する高度経済成長期以降には、全国の多くの酒造場において季節雇用から年中雇用への転換が図られ、伏見でも杜氏・蔵人の減少に伴い酒造技術者の社員化が進んだが、杜氏に酒造技術を学んだ技術者も多く、多様な流派の技術が現代の酒造技術者に生き

ている。

注

1　企業が生産活動の途中で付け加えた価値を指し、出荷額から原材料費などを差し引いた額のこと。経済産業省の工業統計の場合、下記算式により算出し、表章している（経済産業省　工業統計用語の解説より）。
　⑴　従業者 30 人以上
付加価値額 ＝ 生産額（*1）－（消費税を除く内国消費税額（*2）＋ 推計消費税額（*3））－ 原材料使用額等 － 減価償却額
　⑵　従業者 29 人以下
粗付加価値額 ＝ 製造品出荷額等 －（消費税を除く内国消費税額 ＋ 推計消費税額）－ 原材料使用額等
*1：生産額 ＝ 製造品出荷額等 ＋（製造品年末在庫額 － 製造品年初在庫額）＋（半製品及び仕掛品年末価額 － 半製品及び仕掛品年初価額）
*2：消費税を除く内国消費税額 ＝ 酒税、たばこ税、揮発油税及び地方道路税の納付税額又は納付すべき税額の合計
*3：推計消費税額は平成 13 年調査より消費税額の調査を廃止したため推計したものであり、推計消費税額の算出に当たっては、直接輸出分、原材料、設備投資を控除している。

2　ただし、伏見酒造組合員数は 2005（平成 17）年時点で 28 事業所であったが、2009（平成 21）年 10 月現在では 24 事業所である。

3　伏見区役所統計データ担当者に確認（2008 年 7 月）。

4　江戸時代は米の石高が最も重要な価値基準であり、幕府や藩は米の生産拡大を図ることで政治、経済、社会の安定化に努めた。農業技術が未発達であった当時、米の生産は天候に左右されやすく、不作の年にはさまざまな米価安定策がとられた。そうした米価安定策の一環として導入されたのが、大量の米を使用する酒造業者を対象とした「造酒株」制度である。造酒株は、酒造業者に対する免許鑑札であるとともに、株高に応じて造米高を制限するというものだった。

5　本書では、酒の生産量を指す単位について原則として「製成数量」を用いるが、江戸以前に関しては「造米高」で示されることが一般的であるので、これに従う。

6　幕府所在地となった江戸が急激に都市規模、消費人口を拡大することになった江戸時代初期、上方では「江戸積み」、すなわち廻船により江戸へと供給される清酒の生産が盛んに行なわれるようになった。江戸時代初期において江戸積み酒造業の中核をなしたのは北摂の伊丹や池田であり、特に現在のような清酒（濁りのない清んだ酒）に直接つながる画期的な技術革新が実現された伊丹は幕府の官用酒の製造を任されるなど銘醸地として広く世に知られていた。

7　1885（明治 18）年度から 1919（大正 8）年度までの間に伏見では清酒製成数量が 4.6 倍もの伸びを示したのに対し、灘では 242,386 石から 590,635 石へ 2.4 倍の伸び、全国では 2,372,696 石から 6,186,446 石へ 2.6 倍の伸びにとどまった。このデータから、その時期の伏見酒造業の拡大成長がいかに大きなものであったかが理解できる（伏見酒造組合 2001）。

8　高度経済成長期には、酒造業者間での未納税酒（酒税がかかる前の酒）の移出入、いわゆる「桶売り」・「桶買い」が活発化し、伏見でも大手企業を中心に他地域からの未納税酒移入量が大幅に増加する。伏見酒造組合から提供された資料によれば、1970（昭和 45）年度における未納税酒移入量も含めた伏見の課税数量は 953,024 石（171,546kl）（全国の 10.7％）で、製成数量の 2 倍以上に上った。

9　伏見酒造組合から提供された資料によれば、伏見の未納税移入量も含めた課税数量は 1974（昭和 49）年度の 1,157,595 石（208,388kl）（全国の 13.0％）をピークとして、その後は減少傾向を示し、

1995（平成 7）年度には 935,468 石（168,386kl）（全国の 12.9％）であった。その 20 年間において製成数量が増加したのに対して課税数量が減少していることから、他地域から伏見への未納税酒移入量が縮小しているということがうかがえる。

10　級別制度とは、清酒に特級・一級・二級 などの段階を定め、等級ごとの課税率を設定するという制度（等級が必ずしも酒質の良し悪しを指すものではなかった）であり、戦中の 1940（昭和 15）年に施行され、戦後も長く維持された。この級別制度により、大手企業が税率の高い特級・一級に特化し、中小企業が税率の低い二級に特化するという"棲み分け"が見られた。しかし、1992（平成 4）年に政府が級別制度を完全撤廃したことを受けて、大手企業がこぞって経済酒に力を入れるようになり、多くの中小企業が大きなダメージを受けることになった。

11　同報告書では各組合員の具体的な製成数量について明記されていない。

12　伏見酒造組合の上部組織としては、京都府内の複数の酒造組合を束ねる「京都府酒造組合連合会」があり、さらに、その上の全国組織として「日本酒造組合中央会」（本部は東京に所在）がある。中央会も都道府県の酒造組合連合会も「酒団法」が施行される 1953（昭和 28）年に設立された。

13　杜氏集団には、醸造に関わるグループとは別に精米工程だけに特化するグループ（「精米杜氏」）がおり、それぞれが別個の流派によって担われることが多かった。戦後初期から高度経済成長期にかけての時期に伏見の酒造場において醸造部門を担ったのは越前糠杜氏、丹波杜氏、但馬杜氏、丹後杜氏、広島杜氏などの系統であったのに対し、精米部門を担ったのは越前大野杜氏、能登杜氏、丹後杜氏などの系統であった（伏見酒造組合 2001）。

14　「摂泉十二郷」とは、摂津国の大坂三郷、伝法、北在、池田、伊丹、尼崎、西宮、今津、兵庫、上灘、下灘に、和泉国の堺を加えた地域を指す。酒造地としての灘は一般に「灘五郷」と称され、江戸時代には、今津、魚崎、御影、西郷、下灘の 5 つを指したが、その後に下灘が外れて、代わりに西宮が加わっている（荻生編 2005）。

15　灘五郷酒造組合へのヒアリングによる。

第3章

制約的条件への苦慮と環境耐性

1 「第1の仮説」 制約的条件による環境耐性

1.1 要件不足の環境下

　第2章で概観したように、伏見は京都市の南端に立地し、さらにその西南には大阪もある都市近郊地域である。当地は都の別荘地、城下町、大坂との交通の要所と、人々の出入りの盛んな地域であり、伏見酒は行商人、旅人が当地を訪れる際に消費される地酒であった。他の酒造業に関する研究の中には、その昔、伏見が発展したのは近くに京の都という大消費地があったためとあるが（青木 2001）、実際には洛中の酒屋保護のために伏見酒の販売は許されておらず、また同じ関西圏には摂泉十二郷という一大酒造地があり、伏見酒は市場面で決して有利な状況にはなかった。また、大都市近郊であることは、第一次産業従事者が少ないという状況をもたらし、地元には杜氏・蔵人等の酒造技術者を供給できる人的資源がなかった。主原料の米についても然りである。その意味で伏見地域が酒造りにおいて有利であったのは、潤沢な上質の伏流水だけであり、それ以外は遠方より確保しなければならず、決して恵まれた環境条件にあったとはいえない。このような社会的環境の中で酒造りをすることは、彼らにその要件を所与の物として与えられない地域ならではの苦慮・工夫を求めたことであろう。

1.2 環境耐性の効果

　以下では、伏見酒造業が発展・継続した要因として当地の制約的条件の影響に着目し、それを検証するための仮説を示す。第2節以降で詳述するが、遠隔

地での市場開拓（特に東京方面）、多様な地域から調達される米への対応技術、多様な地域からの酒造技術の集合は、現在の当地の発展の重要な要素である。しかし、これらは伏見地域に初めから与えられたものではなく、むしろ、それぞれ市場・米・酒造技術者が不足しているという制約的条件下にあった。その中で、われわれは地元で「水・米・人」の要件が整う酒造地とは異なる状況に着目した。たとえば、伏見酒造業に関西圏で十分大きな市場が確保されていたならば、遠隔地の市場を求めて行動する酒家家は少なかったかもしれない。伏見の近くに第一次産業が発達していたならば、杜氏・蔵人はそこから確保され、全国各地の酒造技術をもつ杜氏は伏見に集結しなかったかもしれない。地元米が供給されやすい状況であれば、米の性質の違いを見極めながら安定した酒造りを行なう技術は発達しなかっただろう。このように考えると、伏見酒造業は生き残りを賭けた必然性から、この制約的条件を克服した結果、豊富な条件が揃っている地域に負けない状況を生み出す強さをもったと推論できるのである。そこでわれわれは、降りかかる困難を乗り越える努力を繰り返すうちに、この地域の人々には「意図せざる結果」として（外部環境や人・米の）変化に対する耐性（許容度）が高まり、「弱み」が「強み」になったのではないかという仮説に至ったのである。

　以下では、制約的条件の克服による彼らの状態が、R.K. マートンの「潜在的順機能」という概念で表される事象であることを説明する。マートンは、機能分析において「顕在（意図され、認知されるもの）と潜在（意図されず認知されていないもの）」と「順機能（望ましい結果）と逆機能（望ましくない結果）」の２軸に分類し、「顕在的順機能」「顕在的逆機能」「潜在的順機能」「潜在的逆機能」の４つのカテゴリーを示した。潜在的順機能は、意図されていなかったにもかかわらず、望ましい結果になることを指し、伏見の場合も市場がなく苦慮し、多様な米への対応に苦慮し、遠方の酒造技術者集めに苦慮するという要件不足の困難を乗り越えようとすることが、他の地域に負けぬ強さに発展するという潜在的順機能を果たしているといえよう。マートンはこの概念を示す際、次のような事例をあげている。ホピ族という部族が行なう雨乞いの儀式は、単なるある部族の迷信による集団の慣行と観察されがちであるが、潜在

的機能として社会学的視点で分析すると、「儀式に際して、各地に散在する集団の成員が集合して共同活動に参加する定期的な機会が与えられるので、儀式は、集団的同一性を強化する潜在的機能を果たしているといえる」(Merton 1957 = 1961 : 59)。また、マートンはこの社会的機能の分析について、行為の当事者が行なっている主観的機能（目的やつもり）と観察者から見られる客観的機能とは、必ずしも一致するとは限らないと述べており、行為者たちが認知していること以外にも潜在的に機能として働いていることがあるとしている。

伏見の酒造家たちが制約的条件を克服しようと生き残りをかけた行動が、環境耐性を培い、結果として彼らに全国的な競争力をもたらしたと考えられるのである。以下、これについての仮説を提示する。

【第1の仮説】
伏見酒造業の発展・継続の要因の一つとして、当地の制約的条件が、潜在的順機能として酒造家たちに優位性を生み出す環境耐性を付与した。

第2節では、市場、米、酒造技術者に着目し、伏見の酒造家たちがどのような制約的条件下にあり、それを克服するためにどのような行動をとり、それが結果としてどのような優位性を生み出したかを示していく。

2 伏見の制約的条件とその潜在的順機能

ここでは文献資料とインタビューデータをもとに、伏見の制約的条件について記述するが、歴史的な資料については『伏見酒造組合一二五年史』および『月桂冠三百六十年史』に負うところが大きい。

2.1 市場確保の苦慮・工夫と遠隔地市場の開拓

先述のように、幕府によって造酒株が定められた1657（明暦3）年時点で伏見酒造業は、酒造業者数83軒、造米高15,611石を数え、地元供給が主であっ

たが、その時期に下り酒の産地として勃興した摂津国の伊丹・池田などと共に銘醸地として世に知られていた。しかし、伏見酒造業の隆盛は長く続かなかった。伏見酒造業は、幕府による統制経済下において、洛中の巨大消費地の近郊（人工河川の高瀬川で結ばれる）という絶好の立地条件にありながら、洛中市場から締め出されるという憂き目にあった。古くからの酒消費地である洛中では多くの酒造業者が生産拡大に努めたため、常に市場が飽和状態にあった。1698（元禄11）年、洛中地域の行政機関である京都奉行所は、当地の酒造家たちからの要望を受けて、「今後他所酒の請売をする者は、呑酒であっても、多少によらず奉行所へ申告せよ。酒の出所を調べ、場合によっては厳しく処罰する」との触書を出し、近隣の伏見をはじめ他地域から洛中への酒の流入を禁止した（伏見酒造組合 2001：22）[1]。

一方、淀川水系でつながる大坂においては摂泉十二郷の並みいる酒造業者が市場を独占しており、伏見の酒造業者には割り込む余地が残されていなかった。伏見の酒造業者は、江戸初期には酒造業が未発達であった近江国、特に主要都市である大津への売り込みに努めた。しかし、18世紀半ば（宝暦年間）より当地でも酒造業が勃興し、逆に近江酒が伏見市場へ移入されるようになった。この近江酒が伏見酒に比して廉価であったことから大衆酒として市場を広げたため、伏見酒造業は大打撃を受けた。これだけにとどまらず、近江の酒造家たちが当地の行政機関（大津奉行所）に働きかけ、当地への伏見酒の流入阻止を図った。これを受けていっそう窮地に追い込まれた伏見の酒造家たちは、1805（文化2）年に伏見奉行所に対して、洛中や近江をはじめとする他地域から伏見への酒の流入禁止を求める嘆願書を出し、それから約四半世紀後の1829（文政12）年、奉行所にこれを認めさせるに至っている[2]。

このように、伏見酒造業は、内外での市場確保に苦しみながら、一宿場、一町方の酒として細々と命脈を保ったものの、第2章で触れたように、明暦年間より200年余りを経た1866（慶應2）年には伏見において造酒株を備える酒造業者数は28軒、造米高はわずか2,470石にまで減少していた。このような江戸末期における伏見の姿は、江戸中期以降に下り酒の新興産地として急成長を遂げ、全国随一の酒造地となっていた灘の姿とは対照的であった。

明治に入ると、新政府による国内市場の自由化や交通輸送機関の発達などに伴って産地間の競争が激化することになるが、こうした環境変化の中で伏見酒造業界では成長著しい東京市場への進出[3]が検討されることになった。その時期、伏見酒造業の代表者数名が東京の酒問屋街（新川地区）を訪問したものの、灘酒が珍重される当地において伏見酒はまったく相手にされなかった。この屈辱的経験を通して、当時の伏見の酒造家たちは、新たな市場獲得のためには、個々の業者の経営努力はいうまでもなく、伏見酒全体の品質を高め、酒造地としての伏見の評判を高めなくてはならず、そのためには、同業者間のさらなる結束が必要であるという共通認識をもつに至ったのである。

　伏見の酒造家たちの東京進出の試みは容易に実現されたわけではなかったが、その後の社会的インフラなどの環境変化は伏見酒造業に追い風となった。特に1889（明治22）年の東海道線（東京〜神戸間）開通は一つの大きな転機であり、その後徐々に鉄道輸送が水上輸送に取って代わる中で、伏見は東京方面への輸送コストの面で初めて灘よりも有利な立場となった[4]。明治半ば〜大正期の伏見では、組合単位ならびに個別企業単位で、先端科学技術の導入による酒造技術の抜本的改善、生産規模拡大によるコストダウン、経営の合理化などが図られ、それらの成功が伏見酒の品質向上、そして、東京をはじめとする遠隔地での市場拡大を後押しした。

　かくして、明治半ば以降の伏見では、東京をはじめとする遠隔地での市場獲得機会をうかがう進取的な酒造家が数多く登場し、さまざまな方法によりそれを実現してきた。この具体的内容については次章で詳述するが、一点だけここで強調しておきたいのは、伏見酒造業界では大手企業だけが東京進出、全国展開に成功し、中小企業がその傘下に吸収されたという弱肉強食の関係図式が展開されてきたわけではないということである。中小企業もそれぞれに独自の方法で東京市場、あるいは地方市場を開拓[5]してきたため、企業間に市場の棲み分けが見られる。

　以上のように、長年続いた市場確保に関する苦慮・工夫の経験は、東京をはじめとする遠隔地市場の開拓というプラスの結果につながったのである。

2.2 原料米調達の苦慮・工夫と高度な変化対応能力

　江戸時代、酒造業者の原料米調達は幕府の統制下に置かれていた。周知のように、江戸時代においては米の石高が最も重要な価値基準であり、幕府は米の生産拡大に努めるとともに、不作の年には米価安定策を講じて社会秩序の維持に努めた。その時代、酒は贅沢品であり、いったん米が不足すると、「酒造減石令」が出され、酒造用に使用される米の量が大きく削減された。農村部での酒造りであれば、農業との兼営であることが多かったため（創成期の灘酒造業もこの部類に属す）、その影響は比較的小さかったが、伏見のような都市部の酒造りは専業であったため、そうした政策の影響を大きく受けることになり、廃業を余儀なくされる業者も多く出た。この点において、江戸時代の伏見酒造業は、他地域の農業兼営型酒造業に比べて不利な立場に置かれていたといえる。

　明治に入ると、酒造業者の原料米調達は大幅に自由化された。その時期、灘の酒造業者は、全国有数の清酒原料米産地である播州地方（特に現在の三木市、加東市一帯）の村々との間で「村米制度」[6]と呼ばれる原料米の契約栽培制度を構築し、その後に「山田錦」を生む播州の良質な原料米の安定的供給源を確保するに至っている。これに対して、伏見の酒造業者は良質米の安定的供給源を近辺の農村部に確保することができなかった。明治半ばごろまでの伏見では依然として生産量が小規模であり、近辺の山城や摂津（淀川水運でつながる）において十分に原料米を確保できていたと推察されるが、明治半ば以降になると、急激な生産拡大に伴い、原料米の仕入れ先、仕入れ方法に変化が見られるようになった。その最も顕著な例がその時期に急成長を遂げる月桂冠である。月桂冠は、灘の先進的な酒造技術を学ぶため、1899（明治32）年より当地での酒造りを開始するとともに（当地の酒造組合にも加入）、その後、灘の先例に倣って、摂津や播州のいくつかの農村との間で村米制度をとるようにもなった。『月桂冠三百六十年史』に掲載された「原料米買上帳」によると、1905（明治38）年の原料米の仕入れ先は摂津、山城、近江、河内であり、その後、丹波、播州、備前にも拡大している。月桂冠が本格的に村米を仕入れるようになるのは大正に入ってからのことであり、1923（大正12）年には村

米が原料米全体の 15%強を占めていた（同社での村米の仕入れは 1938（昭和 13）年頃まで継続した）。同社史には、当時の原料米仕入れ担当者の回顧録が掲載されており、米相場の変動に一喜一憂する様子や、村米の仕入れ先との定期的な交渉に苦労する姿がうかがえる（月桂冠株式会社 1999）。このように明治～昭和初期の伏見酒造業は、良質な原料米の調達という点において灘のような安定的供給源を近隣に備える酒造地に比べて不利な立場に置かれていた。

第二次世界大戦期に入ると、酒造業者の原料米調達は再び中央政府の統制下に置かれることになった。清酒原料米はすべて各地の酒造組合が酒造組合中央会の管理の下で政府機関から一括購入する形式となった。戦時中の食糧確保は至上命題であり、奢侈品である酒に使用される米は削減の対象となった。1938（昭和 13）年、政府は 1936（昭和 11）年度の実績（全国の清酒製成数量 430 万石（77.4 万 kl）、原料米量 360 万石（54 万 t））を基準にして「基本石数」（各酒造業者に配分される原料米の数量）を定め、清酒生産に関する統制に乗り出した。基本石数はその後、食糧不足のさらなる深刻化に伴って年々削減され、終戦後の 1947（昭和 22）年度には全国の清酒製成数量は 51 万石（91,800kl）（原料米量は 32 万石（4.8 万 t））にまで減少していた（兵庫県酒米振興会 2000）。こうした戦時の統制経済において酒造業者は毎年の製成数量を自らの意思で増減させることができなくなり、原料米選択の自由も奪われた。

基本石数制度は、「基準石数」（1956 年～）、「基準指数」（1959 年～）と改称されつつも長く維持された（兵庫県酒米振興会 2000）。その後、1969（昭和 44）年の「自主流通米制度」[7] 導入により従

酒造好適米と一般米の稲穂の丈の違い
提供：月桂冠株式会社

来の基準指数に基づく原料米の割り当てが廃止され、酒造業者は、毎年の製成数量を自らの意思で増減させることができるようになった。原料米は備蓄用に一定量の「政府米」が維持されながらも、政府の介在なしに流通する「自主流通米」が中心となった。

自主流通米制度により、酒造業者は酒造組合を通してだけでなく、商社を通しても原料米を調達できるようになったが、厳密にいえば、酒造組合以外のルートで仕入れられるのは、「酒造好適米」（「山田錦」や「五百万石」に代表される酒造用に適した酒造専用の米）と「一般米」（一般的に飯米として使用され、酒造にも使用される米）[8] に大別される原料米の中の後者だけであり、前者に関しては従来通り酒造組合ルートの仕入れのみという形態が続いた。

酒造組合ルートの仕入れとは次のようなものである。2月ごろに各都道府県の酒造組合が全組合員の原料米（その年の秋に収穫される米）の注文を取りまとめて日本酒造組合中央会に報告し、次に、中央会が全都道府県の注文を取りまとめて農協の全国組織である全国農業協同組合連合会（全農）に発注し、最後に、全農から各都道府県の経済農業協同組合連合会（以下、経済連）[9] に発注内容が伝えられる。価格交渉は、各都道府県の経済連と同県の酒造組合（原料米委員会が主体となる）の間で行なわれる。まず、経済連側から、その年の同県産のAという米の作況や他産地の価格動向も考慮して、同県の酒造組合に対して価格提示がなされ、両者の間で交渉が行われる。これにより決定された価格が同県産Aの一般価格となる。他県の酒造業者がこの米を仕入れる場合も、この一般価格が基準となる（これに輸送費が加算される）[10]。

良質な酒の製造に必要不可欠な酒造好適米は、一般米より作り難く、高コストであり、しかも、飯米としての利用に向かないため、いったん供給過剰となってしまうと行き場を失い、生産者に大きな損失をもたらしかねない。こうした理由から、酒造好適米の流通は長らく全農の管理下に置かれ続けてきたのである[11]。このように、酒造好適米は全農や酒造組合中央会といった中央機関が一括管理しており、一見すると全国のどの地域の酒造業者も酒造好適米の調達に関しては同じ条件のようであるが、実際にはそうではない。伏見の酒造業者で原料米調達に携わっている人々によれば、人気のある酒造好適米の注文に

対する充足率は県内供給が優先されたため、酒造好適米生産県の酒造業者に比して県外の酒造業者では低くなる傾向があった。そのため、酒造好適米の生産量が非常に少ない京都府内にある伏見酒造業は、大量の酒造好適米を生産する兵庫県内にある灘酒造業に比べ不利な立場に置かれ、やむなく酒造好適米調達を京都府以外の複数の産地に求めざるを得なかった[12]。

表3-1は、2006（平成18）年度における清酒製成数量上位3府県（兵庫県、京都府、新潟県）の醸造用玄米検査数量を示したものであるが、ここから酒処の中で京都府の原料米生産量がいかに少ないかが容易に見てとれる。最も人気の高い酒造好適米は戦後初期より一貫して播州産「山田錦」であるが、兵庫県内での供給が優先されがちであるため[13]、兵庫県外の酒造業者がその中の優良品種を大量かつ安定的に調達するのは容易ではない。さらに、兵庫県の農協が播州産「山田錦」の優良品種の種もみを県外へ供給することに消極的であるため、それを県外で生産することもやはり容易ではない[14]。表3-2は、1977（昭和52）年度～2007（平成19）年度において伏見酒造業者が使用した原料米全体（酒造好適米＋一般米）の府県別入荷量割合の推移を示したものであり、表3-3は、同時期において伏見酒造業者が使用した酒造好適米の府県別・品種別入荷量割合の推移をそれぞれ示したものである。これらのデータから、原料米調達に関する伏見酒造業の他地域への依存度の高さが一目瞭然である。

伏見の酒造業者は、思うように酒造好適米を確保できない中で、他県の「山田錦」、その他何種類もの酒造好適米を入手して酒造りを行なってきた。また酒造好適米の不足を一般米で補うという策もとりつつ、それでも酒の質を落とさぬよう技術向上に努めてきた。そして、必ずしもブランド性の高い原料米を

表3-1　2006年度の清酒製成数量上位3府県の醸造用玄米検査数量

府県名	清酒製成数量	醸造用玄米検査数量
兵庫県	155,311kl（30.7%）	19,091t（28.9%）
京都府	89,712kl（17.7%）	674t（1.0%）
新潟県	41,729kl（8.3%）	10,752t（16.3%）
全国合計	505,477kl（100.0%）	66,138t（100.0%）

出所：国税庁「平成18年度統計情報」、農林水産省「平成18年産米の検査結果」

表3-2　1977〜2007年における伏見酒造業の原料米全体の府県別入荷量割合の推移

1977年	滋賀23%、京都22.6%、福井21%、兵庫10%、石川3%、富山3%、岡山3%、佐賀3%、その他11.4%
1987年	滋賀26.7%、京都11.8%、福井10.9%、福岡8.0%、岐阜6.6%、岡山6.0 %、兵庫5.5%、新潟4.1%、その他20.4%
1997年	滋賀22.0%、福岡9.4%、福井9.1%、京都8.9%、香川7.0%、北海道6.7%、岡山6.0%、岐阜4.5%、その他26.4%
2007年	滋賀20.2%、福島19.5%、福井11.8%、京都11.5%、兵庫6.8%、北海道6.2%、広島5.9%、福岡4.9%、その他13.2%

出所：安部（1980）、伏見醸友会（1988）（1998）（2008）

表3-3　1977〜2007年における伏見酒造業の酒造好適米の府県別・品種別入荷量割合の推移

1977年	福井50.4%、富山14.0%、石川13.8%、京都9.8%、兵庫5.8%、その他6.2% 五百万石87.4%、高嶺錦4.6%、山田錦3.5%、その他4.5%
1987年	福井60.5%、富山13.5%、兵庫9.1%、新潟4.2%、京都3.4%、その他9.3% 五百万石84.4%、山田錦5.7%、オクホマレ1.6%、美山錦1.4%、八反錦1.2%、その他7.1%
1997年	福井38.1%、兵庫17.9%、富山12.3%、京都11.7%、岡山8.0%、その他12.0% 五百万石65.6%、山田錦14.5%、雄町7.7%、祝2.7%、オクホマレ2.4%、その他7.1%
2007年	福井48.4%、兵庫24.7%、京都9.9%、岡山9.3%、北海道2.5%、その他5.2% 五百万石53.2%、山田錦27.0%、雄町6.5%、祝6.1%、吟風2.5%、その他5.2%

出所：安部（1980）、伏見醸友会（1988）（1998）（2008）

使用しなくても、より低コストで良質な酒を安定的に生産する技術が獲得された[15]。その結果、伏見は多種多様な原料米を使用し、バリエーションの大きい製品を提供できるようになった。

　また、伏見の酒造業者は府外の複数の経済連から大量の原料米を仕入れざるを得なかったのであるが、このことは、視点を変えれば、仕入れ先の諸地域のうちのどこかで予想外の不作が生じた場合、他地域から増量して仕入れることが容易という代替性の強さを意味する。伏見の酒造業者はやむにやまれぬ状況下で府外のさまざまな地域から原料米を仕入れることになったが、このことが結果として彼らに原料米確保に関するリスクヘッジというアドバンテージをもたらすことになったのである[16]。

　伏見に限らず、酒造業者は多かれ少なかれ、法制度の改正や酒造技術の進歩、米価の変化、経営方針の変更などに伴って、使用する原料米を変えるものであるが、原料米の調達に関して他地域への依存度が高い伏見酒造業では、原料米の変動幅も相対的に大きいと予想される。われわれが伏見の酒造技術者を

対象に行なったインタビューの中では、原料米が頻繁に変わる環境下で一定の酒質を保つことの難しさに関する言葉をよく耳にした。しかしながら、そうした日々の苦労は、当事者の間で原料米の取り扱いに関する情報収集能力、問題解決能力、危機管理能力の向上につながったのである（第6章にて詳述）。

以上のように、伏見酒造業は多様な原料米を各地から調達することで、バリエーションの高い酒を提供し、また一方で米の種類の変動にも一定の品質を保つ技術を発達させるという対応能力の向上、そして原料米の作況に影響を受けやすい他府県依存の都市型ながら、多様な地域からの調達でリスクヘッジが可能であったというプラスの結果につながったのである。

2.3 労働力確保の苦慮・工夫と多様な酒造技術の集合

冬季醸造が確立する江戸初期から酒造場の労働力といえば、冬季にのみ故郷を離れて酒造りに従事する杜氏集団であったが、伏見は、そもそも第一次産業従事者が少ない大都市近郊という立地条件のため、原料米同様、労働力を地元で確保することができなかった。江戸期の伏見には「丹後宿」という杜氏集団の就職先斡旋を専門に行なう同業者組合（「宿仲間」）があり、遠く離れた丹後、越前、但馬などから輩出される杜氏集団の就職先斡旋を一手に取り仕切っていた。伏見の酒造業者は杜氏・蔵人の雇用に際して必ずこの丹後宿の仲介を経なければならないことに定められていた。この丹後宿は幕藩体制崩壊とともに消え去り、明治以降には各酒造業者が直接的に杜氏・蔵人を雇用できるようになったが、その後の伏見酒造業の発展の中で、酒造場に雇用される杜氏集団の絶対数ならびに流派の多様性も増した。特に伏見最大手の月桂冠では、明治半ば〜大正の時期に意図的に従来以上に多様な出自の杜氏集団を受け入れた結果、越前を中心に、丹波、播州、広島、但馬を加えた5流派の杜氏集団が社内の各酒造場に配置されるようになっていた（月桂冠株式会社 1999）。この背景には、異なる流派間で競争意識をもたせることにより、同社製品のさらなる品質向上、技術者全体のレベルアップを図るという経営戦略があった。

戦後、高度経済成長期には全国的に杜氏集団の後継者不足が問題視されるようになっており、伏見でも大手企業を中心に、大掛かりな設備投資による製造

工程の機械化ならびに年中雇用社員を主体とした製造体制の構築が図られるようになった。また、その頃には伏見酒造組合の労務委員会の代表者が、労働力確保のために杜氏・蔵人出身地域の杜氏組合を歴訪するとともに、各企業に対して杜氏・蔵人の待遇改善指導（たとえば、食事献立の指導など）を行なっていた（第5章にて詳述）。

高度経済成長期以降、伏見の酒造場に勤務する杜氏・蔵人の数は全体として減少の一途をたどることになるが、その一方で、新たに秋田や南部（岩手県花巻市）といったさらに遠方の流派が加わり、杜氏集団の多様性はいっそう増すことになる。このような杜氏集団の多様性という伏見の特徴は全国的に見て非常に珍しい。灘地域では杜氏・蔵人の圧倒的多数が近接の丹波地域（特に兵庫県篠山市周辺）に出自をもつ者で占められ、伏見のような杜氏集団の多様性は見られない。

さらに、杜氏集団に関連して伏見酒造業の特性としてあげられるのは、早い時期に多様な杜氏集団を束ねる伏見酒造杜氏組合が設けられたということである。彼らは異なる流派間の交流、情報共有の機会を設けるとともに、伏見酒造組合の労務委員会との間で季節労働者の待遇改善のための交渉を行なってきた。杜氏集団の出身地域で設立される杜氏組合は全国各地に見られたが、伏見のように受け入れ地域で設立される杜氏組合は極めて珍しい[17]。

以上のように、長年続いた労働力確保に関する苦慮・工夫の経験は、多様な流派の杜氏集団を受け入れることにより多様な酒造技術が一つの酒造地の中で集合し、競争的

月桂冠の杜氏5流派
提供：月桂冠株式会社

環境の下で発達するというプラスの結果につながったのである。今日の伏見において伝統的な杜氏集団による酒造りは姿を消しつつあるが、多様な流派の技術は杜氏たちから直接指導を受けた社員技術者たちに受け継がれている（第6章にて詳述）。

3 まとめ

本章では、伏見酒造業を取り巻く環境条件において、特に市場確保、原料米確保、労働力確保の面でどのような制約があったのか、それを克服するためにどのような行動がとられ、その結果として、どのような優位性が生みだされることになったのかを示した。まず、市場確保に関する苦慮・工夫の経験は、東京をはじめとする遠隔地市場の開拓というプラスの結果につながった。また、原料米の確保と取り扱いに関する苦慮・工夫の経験は、製品のバリエーション、多様な原料米でも良質な酒を安定的に生産する技術の獲得、複数地域からの原料米の調達によるリスクヘッジというプラスの結果につながった。そして、労働力確保に関する苦慮・工夫の経験は、多様な酒造技術が集合し、競争的環境の下で発達するというプラスの結果につながった。このように、伏見酒造業を取り巻く制約的条件が潜在的順機能として酒造家たちに環境耐性を付与し、このことが彼らに優位性をもたらしたのである。

注
1 この保護政策には例外がある。江戸後期の1834（天保5）年、伊丹を領地としていた近衛家が幕府側と交渉し、「御年貢酒」（近衛家に年貢として上納される酒）の名目で一定量の酒を京都へ移入することを認めさせた（伏見酒造組合 2001）。
2 政治・軍事的要衝にして幕府直轄地であった京都、伏見、大津では、幕府によって任命される町奉行が地域産業行政の任に当たっていたが、それぞれの町奉行は自らの管轄地の産業を衰微させるわけにはいかないので、管轄地の産業を特に保護する政策を取った。そのため、上述のような幕府直轄地間における産業上の競争と対立が起きたといわれる（伏見酒造組合 2001）。
3 伏見の酒造業者はすでに江戸末期に江戸積みを行なっていたが、その量は下り酒の本場である灘に比べれば極めて少量であった。
4 このような輸送面の優位性だけでは、その時期以降の伏見酒造業の発展要因を説明することはできそうにない。たとえば、やはり古くからの酒造地である愛知県は、東海道線開通により東京方面への輸送という点で伏見以上に有利な立地条件に置かれることになったはずであるが、伏見にみられたような酒造業の急激な発展が起こらなかった。

5 例をあげると、北川本家（富翁）は岐阜県下において、招徳酒造は静岡県下においてそれぞれ独自の販売ルートをもち、大きなシェアを維持してきた。
6 明治時代に播州地方で始まる酒造原料米の契約栽培制度のことである。当地では集落ごとに灘を中心とした特定の酒造業者と直接契約し、良質な原料米を安定供給してきた。当地で「山田錦」が誕生するのは昭和初頭のことである。
7 1969（昭和44）年度から2003（平成15）年度まで実施された米の流通制度。政府の統制を離れ、米の売買を農業家が業者を通して米の品質に応じた価格で消費者に販売できる制度。一人当たり国民米消費量の減少を主因とする国内米需要の減少と、高米価政策のもとでの反収増を主因とする国内米生産量の増加が相まって、1960年代後半から米過剰と政府古米在庫の積み上がりが生じてきたため、財政負担軽減や政府買入量の抑止を目途とする自主流通米制度が導入された（藤野 2005）。
8 もともと酒造原料米には酒造好適米が使用されるのが一般的であったが、高度経済成長期以降の清酒の大量生産化に伴い一般米が多く使用されるようになった（安部 1980）。
9 各単位農協が組織する都道府県単位での組合のことを指している。最近では全農への統合（全農県本部）、県単一の農協への移行が進んでいるが、ここでは「経済連」で統一表記する。
10 酒造業者が他県から原料米を仕入れる場合、酒造組合の原料米委員会が組合を代表して生産県の経済連と交渉を行なうことが一般的である。ただし、大手酒造業者のなかには、そのスケールメリットや物流合理化といった強みを踏まえて、個別に生産県の経済連と交渉を行なう場合もある。月桂冠株式会社 生産管理部長 福元修氏へのインタビュー（2009年11月）
11 1995（平成7）年の法改正により酒造好適米も商社などから仕入れることができるようになったが、現在においても酒造組合ルートでの仕入れがほとんどを占めている。
12 月桂冠株式会社専務取締役・製造本部長 安部康久氏、生産管理部長 福元修氏へのインタビュー（2009年8月）
13 いうまでもなく、灘の酒造業者も、大量の原料米を兵庫県産だけでまかなうことは不可能であり、県外の多地域から大量の米を調達してきた。それゆえ、灘も伏見と同じように米処の小規模な酒造地にはない原料米調達の苦労を経てきている。とはいえ、播州産「山田錦」という圧倒的なブランド力をもつ米を優先的に調達し得る灘が伏見に比べて有利であったことは間違いない。
14 京都府綾部市の原料米生産農家へのインタビュー（2005年5月）
15 安部氏、福元氏へのインタビュー（2009年8月）
16 原料米の調達方法に関して一点補足すると、伏見では酒造組合ルートで仕入れる米のうち、スケールメリットをもつ大手企業があえて輸送コストの高い遠方の米を引き受けてきたため、中小企業の輸送コスト面の負担が軽減されてきた。安部氏、福元氏へのインタビュー（2009年8月）
17 伏見酒造杜氏組合は2006（平成18）年3月末をもって解散した。

第4章

進取的な酒造家たち

1 「第2の仮説」 構造的多様性による同調圧力の弱さ

1.1 斉一性の圧力と集団

　われわれが調査に入る際、伏見酒造組合に依頼したところ、ほとんどの企業から快諾を得たため、協調体制も強固であると感じた。しかし、調査を進めるうちに、各企業単独、あるいは少数の企業による独自行動も多々見られ、酒造家集団内には意見や行動の規範的な「同調（conformity）」を成員に強く求めるような斉一性の圧力（pressure to uniformity）が弱いのではないかと感じるようになった。それはこの酒造地で個々の成員に同調を強要するような雰囲気があるならば、起こりえなかったような挑戦が多々見られたためである。

　ここで同調や斉一性の圧力についての研究を振り返っておくと、同調とは「判断、態度を含む広義の行動に関して、他者あるいは集団が提示する標準と同一あるいは類似の行動をとること」であり（古畑　1994：176）、斉一性とは「集団の中での認知や意見、判断、行動の一致状態をさす。一致することは、それから外れるような認知・意見・行動を抑制する集団圧力を生成すること」である（古畑　1994：133）。集団の斉一性の圧力による同調行動についての研究は M. シェリフや S.E. アッシュをはじめとして多くの研究者による知見が示されている（Sherif 1935 ; Asch 1951）。同調行動とは、集団内で同じ行動や態度をとる人々の比率が高まった場合、成員間に斉一性の圧力が働き、同調傾向が起こるというものである。吉川肇子は、集団の意思決定の研究において誤った判断が下されたことを、成員の同質性が斉一性の圧力を強めたことで起こった失敗と分析し、多様な構成員にすることで斉一性の圧力を減少させるこ

とができると述べている（吉川 2004）。

1.2 準拠集団と酒造家集団の非同調

　集団内に同じ行動や態度をとる人々が増える要因の一つとして集団規範への準拠が考えられる。M. ドイッチと H.B. ジェラードによれば、同調には情報的影響と規範的影響があり、正しい判断をするための準拠者、準拠集団として周囲の情報に依拠して同調する場合と、集団の規範を内面化してそれへ同調する場合とがある（Deutsch & Gerard 1955）。前者は意思決定が困難な場合、他者、集団を「信託された価値主体」として意思決定の拠り所としている状態であり（見田 1966）、判断基準を自己ではなく、他者に求めるということである。後者は内面化している規範に沿うことが望ましいと考え、自ら同調を望む状態である。いずれも同調的準拠集団（Kelley 1952）への行動であり、集団内で共有されている「のぞましさ」への同調には賞が、逸脱には罰が与えられる。規範の共有の程度が弱い場合、つまり規範が強くない場合、その影響による同調は起こりにくいと考えられる。小関八重子によれば、規範は成員に共通の価値や行動様式の同調を促し、同調の大きさを左右する要因には、課題の性質（重要性、困難度、あいまいさ）、情報源の信憑性や魅力、集団内の一致度、集団成員の相互依存度および凝集性、集団内の地位（高位の者は同調する必要がなく、低位の者は同調で失うものが少なく、中位のものは同調しないことによって失うもの、同調することによって得るものが最も多い）、集団のサイズ（ある一定の人数を超えると同調率は変わらない）などがある（小関 1997：197-8）。課題の性質、情報源への依拠と同調については第5章で述べるが、ここでは集団の相互依存度、集団内の地位に着目したい。すなわち集団の成員が相互に依存している度合いが低い場合や集団内での成員の地位差が少ない場合（たとえば、序列意識が強くない場合など）、同調は起こりにくいと考えられるのである。

1.3 集団の特性と同調圧力の弱さ

　また集団と個人の関係について、G. ジンメルは、自立する個人の増加は所

属集団の連帯の弱体化につながるとしており、集団に依存しない個人は集団成員との連帯を弱めると述べている（Simmel 1890 = 1970）。そして E. デュルケームも、社会集団の中に異質な個性をもつ個人が増加することで、同質性の高い個人により形成されている社会の連帯は弱まると述べている（Durkheim 1893 = 1971）。デュルケームは分業により、それぞれが補完し合う関係になり、有機的連帯が生まれるとしており、大田区や東大阪市などの工業の中小企業の分業による連携は、まさしく有機的連帯が発生しているといえよう。しかし伏見の酒造業者の場合は、酒造技術の特性上、工業のように微細な部分に至るまでの分業は行ないにくく、主要な部分はそれぞれ個々の企業が酒造りを完結して行なっており、分業体制にはないため、業務の補完性は低く、有機的連帯は発生しにくい[1]。

またマートンは、準拠集団論に由来する行動の斉一性についてアメリカ兵の例をあげ、「集団成員の下位にある者、または将来その成員になる者が集団と一体化しようとする動機をもつ場合には、彼らはその集団のうちに権威と威信をもっている層の感情を身につけ、またその層の価値に同調しようとする。＜中略＞集団に漸次受容されることが逆に同調への傾向を強化するのである」と述べている（Marton 1957 = 1966：233）。伏見酒造組合は、成員のすべてが経営者であり、ほとんどの企業が主従関係にないため、アメリカ兵の例のような準拠による同調傾向は強まらない。

以下では3つの観点から集団内において規範的な同調傾向が弱く、斉一性の圧力が強まらない要因について述べる。

① 多様性の高い集団での規範的同調圧力の弱さ

第2章でも示したように、伏見は京の都、大坂という大都市圏の近隣にあり、また伏見そのものも都市機能をもっていたため、人の往来が活発な都市的要素が高い地域であった。伏見の酒造家たちは、江戸時代から継続する約400年の老舗、昭和中期創業の新しい企業、伏見地域での創業者だけでなく、洛中、大阪、和歌山からの参入者など、都市近郊らしい多様な出自の人々で構成されている。そのため、農村地域の酒造地のような流動性の低いところに比べ

て、伏見のような流動性の高い都市近郊は、酒造家集団の成員の同質性が低いため、成員を拘束する圧力が働きにくいと考えられるのである。開放的な社会構造の中にある伏見の酒造家たちの出自や指向、行動パターンは非常に多様である[2]。

　当地の酒造業者の企業行動には、その取り組みが全国に先駆けたもの、まだ一般的に普及していなかったもの、あるいはその後も模倣例が少ないといった独自のものが多く、いわゆる「進取性」に富んだ彼らの気質が目立つ。そこでわれわれは、彼らの進取性に富んだ行動は、流動性が高く、成員の同質性が低い集団における規範的同調圧力の弱さによるものではないかと推論した。当地にも長老的存在、創業年数の長短、企業規模の大小などによる規範的序列意識がもたれやすい条件はあるが、それに人々が従属しているのであれば、それらの低位にある企業の独自行動は見られにくいはずである。しかし、実際には若い後継者、創業年数の短い企業、小企業も活発に行動を起こしている。そのため序列（意識）の下位者が上位者に行動を従わせなければならないような同調圧力は強くないといえる。

② 資産家層の経済的独立性

　酒造業というのは、毎年、巨額の初期コストが必要である。伏見の酒造業者の中で30名足らずの小企業でも米の仕入れには、現金で数億円が必要であるという。その他の酒造コストや人件費・設備費なども必要であり経費は莫大である。そのため酒造家は資産家でなければできない事業であり、高階層の人々が担っている産業であるといえる。彼らは自己資金で経済的に自立して意思決定を行なえる状態で経営しているため、他社への経済的依存という状態にはない。ただし、このことは伏見の酒造家たちの自立性を高める要因であるが、小規模でも経済的独立性が高い酒造家が多いというのは伏見に限ったことではなく、酒造業界全般に共通のことである。

③ 大企業と中小企業の独立性

　伏見には全国清酒製造業トップ10に入る企業が3社と中小企業が20数社あ

る。工業系の製造業の集積地などでは、大企業と中小企業には発注元、下請けの関係が見られたり、中小企業間で地域内分業体制を組んで集積していることがある。伏見酒造業の場合、先述したように、小さな企業でも自社内で酒造りが完結しており（酒造りの性質上、製造途中のものを社外に持ち出して移動することが難しい）、それぞれ自立的に業務を行なっている[3]。酒造業界にも桶売り、桶買いという受発注関係はあるが、伏見にある酒造業者のうち、下請け企業は2割未満である（2009年10月現在）。全国の酒造地の中で、大手トップ10が灘と伏見に集中しており、大企業と並存しながら自立性を維持する中小企業が観察されるのは両地域だけであり、これらは工業系の産業集積地とは異なる様相を示している。

　以上の3点から、われわれは伏見の酒造家たちの進取的な行動を、異質性の高い独立した成員による集団であるため、規範への同調を強要する圧力が弱く、結果として斉一性の圧力が強まらず、序列の下位者や清酒製造業の従来のスタイルを変えようとする者なども自由な行動を起こしやすいという仮説を立てた。新しい行動を起こそうとする時、迅速な意思決定は、従来の規範や慣習に拘束されていては困難である。他の酒造地でも地域の名士として進取的な行動を起こす酒造家の姿は見られるが、伏見の酒造家の行動は非常に俊敏であることと、そのような酒造家の事例がいくつもあることから、集団特性として検証を行なう。

【第2の仮説】
　伏見酒造家たちは、集団の多様性により、規範的同調圧力が弱く、斉一性の圧力が強まりにくいため、集団内で抑制されにくく、俊敏で進取的な行動が起こりやすい。

　第2節ではこの仮説を検証するために、伏見酒造業の酒造家たちの進取性が表われ、それが伏見酒造業全体の合意形成で行なわれたものではないという事例を示す。こうした事例は伏見酒造業の歩みにおいて枚挙にいとまがないが、その中でも特に象徴的な5つのエピソード−月桂冠の四季醸造、黄桜のテレビ

〈抑制する圧力の弱さから独自行動が起こしやすい〉

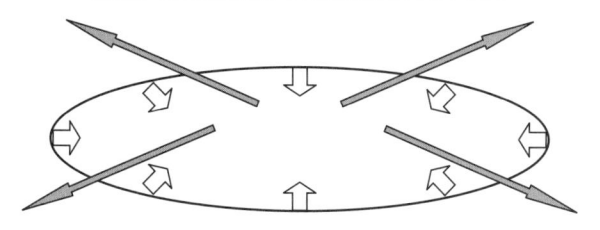

図 4 − 1　伏見の酒造家の集団特性のイメージ図

CM、玉乃光の純米酒商品化、増田德兵衞商店（月の桂）のにごり酒商品化、宝ホールディングス（TaKaRa）の積極拡大志向－を取り上げる。

2　伏見の酒造家たちの進取性を示す5つの事例

2.1　月桂冠の事例－業界に先駆けた四季醸造

　明治期に入り、欧米から先進的な醸造技術がもたらされたことで、清酒の四季醸造に向けた技術開発が酒造家ならびに政府関連機関によって進められるようになった。しかしながら、本格的な四季醸造は当時の技術水準では依然として容易でなく、それが実現されるまでには、さらに半世紀もの時間を要した[4]。戦中～戦後初期の苦境を経て日本経済が復興、そして高度成長に向かった1950年代後半、さらなる清酒需要の拡大を見越して、豊富な資金力と技術力を備える大手酒造業者がそれぞれ四季醸造の実現に向けて動き始める中で業界に先駆けて本格的な四季醸造を実現したのが月桂冠[5]である。

　月桂冠は伏見において最も長い歴史をもつ酒造業者

竣工時の大手蔵
提供：月桂冠株式会社

の一つであり、江戸初期の 1637（寛永 14）年に創業している。明治半ば頃までは年間製成数量 650 石程度の小規模な地方造り酒屋にすぎなかったが、"中興の祖"とされる第 11 代大倉恒吉が 1886（明治 19）年に家督を継承して以降、市場開拓ならびに技術と経営の近代化を積極的に推し進めた結果、昭和初期には年間製成数量 3.5 万石規模の大手酒造業者に成長していた。戦中・終戦直後の苦難の時代を経て、月桂冠が四季醸造の実現に向けて本格的に動き出すのは第 12 代大倉治一の時代においてである。1960（昭和 35）年の年末、当時の池田勇人内閣が「所得倍増計画」を発表した際、すぐさま大倉は近い将来における急激な消費拡大ならびに物価上昇を予測し、急ぎ四季醸造蔵の建設を決意した。翌年 2 月に始まった建設工事は秘密裏に進められ、早くも同年 11 月には四季醸造蔵「大手蔵」（年間生産能力 10 万石）が完成した（図 4 - 2）。現在でも木造の小規模な酒造施設において手作業または一部機械で行なわれるケースがほとんどである酒造業界にあって、月桂冠は 1961（昭和 36）年という早い時期において 8 階建ての建物の中に各工程に対応したさまざまな最新機械を完備し、従来とはまったく異なるスタイルを建設した。ベールを脱いだ大

図 4 - 2　大手蔵の製造工程図
出所：月桂冠株式会社 1999：266

手蔵は同業他社に衝撃を与え、その後、多くの大手企業が急ぎ月桂冠に倣った四季醸造蔵の建設に着手することになった（月桂冠株式会社 1999）。

　大倉治一が四季醸造蔵の建設を決意した背景には、明治期以来の試行錯誤を通して蓄積されてきた自社技術への確たる自信があった。1908（明治41）年、大倉恒吉により東京帝国大学出身の醸造技師が招聘されるとともに、翌年、最新設備を備えた大倉酒造研究所（現・月桂冠総合研究所）が設立され、そこで防腐剤を使用しない清酒の商品化に向けた研究開発が進められた。早くも1911年には「防腐剤なし清酒」（瓶詰め）の商品化を実現したものの、加熱殺菌による防腐処理がまだ不完全な当時において防腐剤を使用せずに清酒を安定的に生産することは容易ではなく、商品が大量に返品されることもあった。このような悪戦苦闘の中で四季醸造の実現に必要不可欠な温度・湿度・細菌の管理技術が着実に蓄積されていった。さらに、1955（昭和30）年頃より一連の醸造工程（特に「蒸し」、「麹づくり」、「酒しぼり」の3工程）の機械化・自動化が進められ、それにより作業時間短縮ならびに労力削減が達成されるとともに、各工程における管理も極めて良好なものとなり、年中を通じて従来の冬季醸造以上の環境をつくり出すことに成功したのである（月桂冠株式会社 1999）。

　このような自社技術への確たる自信から四季醸造蔵の建設を決意した大倉治一であったが、当初は社内においてその意図を理解する者は少なかったようだ。四季醸造の技術開発に携わった技師の栗山一秀は、社長から大手蔵建設基本計画の作成を指示された日の様子について次のように述懐している。

　　昭和35年の大晦日に本社に呼ばれて、社長から「前から君らはいろんな装置を開発しているが、あれで四季醸造をやろうと思う」と言われました。そのとき私は「それはうれしいことです。新しいことをやらせてもらえるということは、技術者冥利に尽きます。しかし、まだ時期が早すぎます。米を蒸す装置はできました。麹を造る装置もまがりなりにもできました。しかし、一番人手の要る酒をしぼる装置がまだできていません。そこまでまだ全然手が及んでいません。それにもう一つ、費用がいくらかかる

かわかりません」と言って反対しました。すると社長は「君ら技術屋さんはいつもそういうことを言うけど、資金の工面は社長の私がする。何も心配してもらわなくていい」とおっしゃる。それでも私が「しかし、資本金の倍になるかわかりませんよ。それで、もしも成功しなかったら会社はどうなるんですか？　自信もありませんし」と食い下がると、社長に「そんなことを言うな。君らだったらできる。やれ。君らは最高のものを造ったらそれでいいんだ」と説得され、それでスタートしました[6]。

このように社運を賭けた一大事業の意思決定に対して、栗山ら技術者たちはそのリスクの大きさから尻込みしたが、現場の不安感はリーダーの信念に対してまったく負の影響を及ぼさなかった。
　1961（昭和36）年11月に完成した大手蔵は同業他社に衝撃を与え、翌年には早くも灘の同業者が四季醸造蔵を完成させている。同業他社の動きを目の当たりにして、栗山らは、社長が急ぎ四季醸造蔵建設を進めようとした理由を知ることになる。

　　　工事が終わって、昭和36年の11月に大手蔵が完成しましたが、もう機械の特許も自社でしっかり押さえているから公開してもいい。それで同業者を呼びました。灘の大手さんもみんな社長だけを呼びました。すると、みんなびっくりしましたね、まず建物の高さに。それに洗った米が下へ降りてゆくと蒸して、それが下へ行くと今度は麹になって、それが下へ行くと発酵して、それが下へ行くともろみをしぼって酒になるというのを見て、またびっくりする。・・・〈中略〉・・・
　　　当時の新聞にね、こんなに早く四季醸造ができるとは誰一人思わなかったというようなことが書いてありました。同業者にとってそれは非常にショックなことでした。しばらくして知り合いの灘の技師から電話がかかってきました。（技師）「いったいあんたらは何をしてくれた？『伏見の連中はあそこまでやったのに、うちはこの10年何しとった？』と社長に怒られたのだぞ。ええ加減にしてくれ。そんなことやっているなら、やっ

ていると事前に言ってくれたらよかったのに」と言う。明くる年に灘のあるメーカーが四季醸造蔵を建てたが、費用はうちの倍以上もかかったらしい。それを聞いて、うちの社長がなんで急いだのかが初めてわかりました。その後、灘ではうちのシステムを真似て、みんなが四季醸造をやりだしました。12代目が四季醸造を今やるべきだと決断されたのは正しかった。もし1年遅らせていたら、(うちも)倍以上の費用がかかるところでした[7]。

栗山はリーダーとしての大倉治一について次のように評している。

　　12代目は東京商科大学(現・一橋大学)の第1回卒業生。「私は技術のことはわからん。お父さんみたいに酒造りに苦労してないので、ようわからん。だから技術のことは技師さんにまかすわ」とおっしゃった。それが良かった。それで技術革新なんかも非常にやりやすかった[8]。

　こうして月桂冠は業界に先駆けて四季醸造を実現したことにより、劇的な生産拡大(1960年代半ばには全国トップシェアに)[9]を達成するとともに、季節に左右されない年中雇用社員による酒造り体制[10]を構築することになった。その後、月桂冠は四季醸造の技術をさらに発展させ、「融米造り」と称される新醸造法(米のデンプンを酵素で液状化し、オリゴ糖まで分解してから仕込む方法)を開発した。この技術は発酵コントロールの容易化ならびに原材料費や人件費のコストダウンを可能にし、1980年代末に始まるアメリカ・カリフォルニア州での現地生産にも活用されている(月桂冠株式会社 2001)。
　全国で初めての四季醸造蔵建設に踏み切った当時、大倉治一には模倣する存在がなかった。つまり同調しようにも、準拠する相手がなく、単独で行動するしかなかった。この進取的な行動は他社への同調行動ではなく、また伏見内にもそれを抑制するような圧力が強くなかったといえるだろう。

2.2 黄桜の事例－業界に先駆けたテレビ CM

　明治期に入り、広告業ならびにマスメディアの発展に伴って、酒造業者による商品広告も大きな変化を見せることになった。資金力をもつ大手酒造業者はこぞって新聞などの新しいメディアに広告を掲載し、全国の消費者に向けて自社商品の宣伝に努めた[11]。戦後になると、マスメディアならびに広告業はさらなる発展を遂げ、高度経済成長期にはテレビという新しいメディアが一般家庭に広く普及することになる。その時期にユニークなテレビ CM によって一躍全国にその名を知られる酒造業者となったのが黄桜[12]である。

　黄桜は松本酒造（1791（寛政 3）年創業）の分家筋に当たり、1925（大正 14）年に伏見で創業している。創業から 1950 年代半ばまでは小規模な地方酒造業者にすぎなかったが[13]、その時期に第 2 代松本司朗が経営に加わってから急成長を遂げた。松本は、灘や伏見の有力酒造業者が多数軒を並べる関西圏では発展の余地が小さいとみなし、巨大市場が控える首都圏に目を向けた。しかし 1950 年代初頭当時、首都圏での黄桜の知名度は皆無に等しい状態であった。そこで松本がとった戦略は、直接消費者に訴えかけて小売業者や卸売業者を動かすという"逆転の発想"であった。この点について同社総務部長の石堂義勝は次のように述べている。

　　当時、当社は無名の会社ですよ、関東では。問屋⇒小売店⇒消費者という商品の流れに依存していては、問屋さんもそんなに本気で売ってはくれない。小売店の店頭にも並べてもらいにくい。そこで、消費者の方々にまず黄桜ブランドを知ってもらって、消費者の方から酒屋さんで指名買いしてもらう。消費者の方から引いてもらったら酒屋さんは並べざるを得ない。もちろん、問屋さんも供給せざるを得ない。消費者⇒小売店⇒問屋への注文という逆の図式を描いたわけです[14]。

　このように直接消費者に訴えかけるという戦略をとるうえで松本が着目したのがテレビであり、この点は慶應義塾大学卒の彼が東京のメディア業界や広告業界との個人的人脈を十分に備えていたことと無関係ではないだろう。松本

がマスメディアを通した広告宣伝の可能性を模索していた頃、たまたま『週刊朝日』に掲載されていた人気漫画「カッパ天国」を目にし、そこからひらめきを得た。すぐさま原作者の清水崑と交渉し、1955（昭和30）年、彼が描くカッパをイメージキャラクターに採用した。それから2年後の1957（昭和32）年、清酒業界において最も早く本格的なテレビCMを開始し、清水が描くカッパのイメージキャラクターと「♪カッパッパ〜、ルンパッパ〜♪」で始まるイメージソングは視聴者に鮮烈な印象を与えた。

最初期の黄桜のテレビCM
提供：黄桜株式会社

　当時テレビを所有できるのはごく一握りの富裕層に限られていたが、テレビは驚異的な吸引力をもち、都会も田舎もテレビのあるところにはいつも人だかりができていた。この時期のテレビはチャンネルも放送時間も限られていたため、視聴者は非常に限られた情報を視聴していた。それゆえテレビを通して流される商品CMの効果は絶大であった。この時期の黄桜の展開において非常に興味深いのは、清酒業界における最初の本格的なテレビCMが当時、灘地域の大手酒造業者や伏見最大手の月桂冠に比べて企業規模や全国知名度の面で圧倒的に劣勢であった同社によって出されたという事実である。

　　その時代は需要が供給を上回っていたので、お酒が右から左へ消費されていく。ですから大きなブランド、市場をもったメーカーさんは、当社みたいにCMだとか手掛けていかなくても、いくらでも売れていました。その点、当社なんかは当初から活路を見出していかないとだめなメーカーでした。この違いは大きかったと思います[15]。

　このようにテレビCM事業はまさに社運を賭けた一大事業であったにちがいない。そこで黄桜が主たるターゲットとしたのはこの時期に拡大しつつあった

> 関東にターゲットをしぼったものの、大手さんみたいに家庭用、業務用などすべてのマーケットにおいて"全方位外交"できる力がない。さらに飲酒層もしぼり込んでいかざるを得ない。その選択の中で狙いを定めたのがサラリーマンです。だからCMの中で描かれたのは家庭で晩酌するほのぼのとしたシーンでした[16]。

1957（昭和32）年に始まる黄桜のテレビCMは、高度経済成長期の市場ニーズに合致し、そのユニークなイメージキャラクター、イメージソングとともに、首都圏のサラリーマン家庭を中心に多くの消費者の心をつかんだ。その結果、松本の思惑通り、直接消費者に訴えかけることで小売業者や卸売業者を動かすことに成功した。その後は首都圏を最重点市場としつつ全国に販路を広げ、瞬く間に全国的な知名度を確立するに至った。

こうして、黄桜は業界に先駆けて本格的なテレビCMを実現した。それ以降、急激な拡大発展を遂げた黄桜は1970年頃には全国清酒業界大手10社の一つに数えられるまでになっていた[17]。テレビCM事業に着手した当時の黄桜は創業年数の短い小規模企業であった。創業年数や企業規模に対する当地の規範的序列意識が強かったならば、黄桜は老舗や自社よりも規模の大きい企業が行なっていないことへの挑戦は控えたかもしれない。また他の同じような規模の中小企業もこのようなCMは行なっておらず、この集団の斉一性の圧力が強かったならば、黄桜の大胆な挑戦は行なわれていなかったことだろう。

2.3　玉乃光の事例－業界に先駆けた純米酒商品化

元来、清酒は米と水だけで造られるものであったが、戦中〜戦後初期に政府の推奨の下で醸造用アルコールや醸造用糖類などを使用するアルコール添加酒（通称「アル添酒」）、あるいは「三倍増醸酒」（原酒の3倍量になるまでアルコールや糖類などを添加して造られる酒）が普及した。それは原料米不足という絶対的制約下での暫定措置であり、終戦直後の焼け野原の時代において廉価

な三倍増醸酒は庶民の疲れを癒す貴重な嗜好品であった。その後、高度経済成長期に入り、社会全体が豊かになるとともに米余りが始まっていたにもかかわらず、清酒本来の形とはおよそ程遠いアル添酒、三倍増醸酒が大量生産され続けていた。質よりも量が求められた時代において次の時代を見据えて一部の酒造業者が純米酒の復興に向けた取り組みを見せるようになるが、この過程で先駆的役割を果たした酒造業者の一つが玉乃光である。

玉乃光は1673（延宝元）年に和歌山で創業し、1950～60年代に段階的に伏見に移転している。企業規模は小さいが、知名度は非常に高い。それは、1960年代半ばに業界に先駆けて本格的な純米酒商品（商品名：「無添加清酒」）[18]を売り出し、成功したことに少なからず起因している。

戦後初期に社長に就任した第9代宇治田福時は早くから東京方面への進出を目指し、その足掛かりとして伏見への移転を敢行した。その経緯について宇治田は次のように述懐している。

　京都伏見に移ったのは、地理の問題です。物を売るのに山の中で物が売れますか。人口が多いところで売るから売れるのです。だから東京です。戦後は東京に人口が集中しているから東京やないと売れない。東京で酒を売ろうとしたらどこがいいか。伏見じゃないですか。灘のほうは少し遠い。しかも戦争で焼けておる。伏見はごろごろと蔵が残っておる。さらに酒造りに重要な良い水がある。水はあの桃山の渓流。それと、敗戦によってお金がとりあえずゼロになってしまった。そしたら酒屋はお金が足らんようになったら借金して、銀行から貸してもらったお金で酒を造って、それを売りに行かなきゃならない。売りに行くのにどこに行けばいいって、東京より他に仕方がない。それから純米吟醸酒復活のための準備期間と人的なつながりと・・・[19]。

このように宇治田は東京進出の足掛かりとして伏見への移転を段階的に進める一方で、アル添酒、三倍増醸酒が幅を利かせる当時の清酒業界のあり方に強い疑問を感じ、清酒本来の形である純米酒の復興に向けて独自に動き始める。

「無添加清酒」のラベル
提供：玉乃光酒造株式会社

40歳を過ぎると自分の蔵の酒が翌日に残るようになった。ところが、いいブランデーなどいくら飲んでも残らない。よくよく考えると、人工的な不純物のない純粋な酒は、翌日に残らないことに気づいたわけです。・・・〈中略〉・・・

だから結局、純米酒は人体実験をして始まった。（笑）

純粋な酒をつくるためには、米をよく磨いて、アルコールも糖類も防腐剤も入れない。それじゃ濁る、と杜氏さんも怖がったけれど、信用して造ってくれたら濁らない。その酒を数人で飲んでみると、翌日も全員気分爽快（笑）。やっぱりそうだ、私だけじゃないと思ったんです[20]。

1963（昭和38）年の冬、宇治田は社内で独自に純米酒の試作を行ない、成功した。しかし純米酒は一般のアル添酒に比べて2倍以上の原料米が必要であり、原価コストが大きなネックとなった。宇治田は農林省（現・農林水産省）や大蔵省（現・財務省）に掛け合って原料米に関わる法律の規制緩和や酒税の特例措置を強く求めたが、いずれも成功しなかった。価格に関しては不本意であったが、一般的な経済酒に比べ2倍もする純米酒を「無添加清酒」と名付け、翌1964（昭和39）年、発売に踏み切った。

発売当初、宇治田自身が得意先や友人・知人に「無添加清酒」の長所を説いてまわり、実際、行く先々で洗練された味わいが高く評価されはしたものの、やはり高価格がネックとなって販売は伸び悩んだ。発売開始から5年後の1969（昭和44）年には、その宣伝のため東京都心に割烹料理店を開き、その後、名古屋、大阪にも出店している。

発売当初の玉乃光「無添加清酒」は国の保護下にあったわけではなく、市場から大歓迎を受けたわけでもなく、まさに孤立無援状態での船出であったが、

1970年代に入ると徐々に純米酒復興に関心をもつ同業者が現れた。純米酒は、アル添酒に比して価格面では不利であるものの、個性を出しやすいため、中小酒造業者が同業他社との差別化を図るうえで有効な武器となる。1973（昭和48）年、純米酒の復興に関心をもつ全国各地の中小酒造業者16社によって純粋日本酒協会が設立され、伏見からは玉乃光をはじめ、松本酒造、招徳酒造の3社が設立メンバーとして参加している[21]。

　こうした環境変化の中で玉乃光は「無添加清酒」発売当初の孤立無援状態を脱し、全国各地の少なからぬ同業他社や関連業者とともに純米酒復興に取り組むようになった。さらに消費者も徐々にアル添酒よりも純米酒を求めるようになった。全国の清酒生産量・消費量は、1970年代半ば以降、減少の一途をたどることになったが、清酒全体が押し並べて減少してきたわけではなく、著しく減少したのはアル添酒であって、純米酒はむしろ増加傾向を示した。1980年代には純米酒ブームが起き、純米酒復興のパイオニアとして玉乃光は追い風を受ける立場になり、頻繁にマスメディアで取り上げられることになった。

　さらに、宇治田は「よい酒造りはよい酒米作りから」という信念を掲げ、早い時期から独自に全国各地の契約農家と共同で"顔の見える"酒米作りに取り組んできた。従来、酒造業者は原料米を直接農家からではなく、農協、酒造組合、商社などを経由して仕入れるのが一般的であったが、近年では原料米の品質や個性を重視する一部の酒造業者が契約農家から直接仕入れるようになってきており（詳しくはエピローグおよび補遺を参照）、この点に関しても宇治田はパイオニアの一人である[22]。

　こうして玉乃光は業界に先駆けて純米酒の商品化を実現し、"純米酒のパイオニア"としての全国的な知名度とブランドイメージを確立するに至った。その当時の玉乃光は伏見酒造組合に参入してからまだ日が浅く、企業規模も小さかった。同社は組合内で立場を確立するまでに、大蔵省、農林省に異議を唱え、全国的な活動を行なっている。また米の仕入れにおける農協利用慣行という制度の中、他社が組合経由で米の仕入れを行なっていたのに対して、直接契約という単独行動をとっている。これらの玉乃光の行動からは、同社に対する集団の同調圧力が強く働いていないことがうかがえる。

2.4 月の桂の事例－業界に先駆けたにごり酒商品化

　わが国では古くから家庭内で簡単な道具を用いて酒を仕込み、濾過せずに白濁状態のまま飲む習慣があったが、現在の酒税法の原型ができあがる明治末期以降、特別な許可なしに家庭内で酒を製造・消費することが法律によって固く禁じられるようになった。一般には「どぶろく」と呼ばれるが、酒税法上では「濁酒」と記載される。明治末期以来の無濾過・白濁酒をめぐる法規制の中にあって業界に先駆けて濁酒ならぬ「にごり酒」を一般消費者に向けて製造・販売したのが増田德兵衞商店（以下、月の桂）である。

　月の桂は伏見で最も古い酒造業者の一つであり、1673（延宝 3）年に創業している。企業規模は小さいが、知名度は非常に高い。それは、1960 年代半ばに業界に先駆けて本格的なにごり酒商品（商品名：「大極上中汲にごり酒」）を売り出し、成功したことに少なからず起因している。

　月の桂がにごり酒商品化に踏み切ることになったのは、1964（昭和 39）年に当時の社長、第 13 代増田德兵衞が醸造学の権威で東京大学教授の坂口謹一郎から直接、製造の可能性について打診されたことに端を発している。増田は、にごり酒が季節感を重視する自身の考え方に合致していることを知り、すぐさま自社での製造を決意する。しかし、まず現場の責任者であるベテラン杜氏の猛反発に遭った。嫌がる杜氏を説き伏せて試作品を完成させたものの、酒税法上の規制や輸送上の問題（発泡性があるために噴き出しやすく、クレームが殺到した）などさまざまな困難が行く手を阻んだ。その際、政府当局に働きかけて酒税法上に新たな条例規定を設けさせたり[23]、ラベル上の取扱注意文に工夫を加えて消費者に理解を求めたりするなどの努力を行なった。さらに、「大極上中汲にごり酒」発売の翌年に当たる 1965（昭和 40）年、業界に先駆けて商品の自宅配送サービス（現在のカタログ販売の原型）を開始しており、販売方法の面でも進取性を見せている[24]。こうして、「大極上中汲にごり酒」は一部の熱心なファン層を中心に人気を博し、月の桂の"顔"となっていった。

　さらに、増田はにごり酒商品の製造・販売だけでなく、にごり酒を媒介とした文化人交遊ネットワークの構築という面においても高い進取性を示した[25]。「大極上中汲にごり酒」発売の翌年に当たる 1965（昭和 40）年、増田は、やは

り前出の坂口から強い要望を受けて、にごり酒のファンが定期的に集う会、「月の桂にごり酒の会」を発足させた。もともとこの会は、ともに当代一流の文化人であった増田と坂口の間の交友関係から始まったということもあって、多くの文化人が交遊する場として機能してきた。最近では酒造業者や酒類小売業者が主催する利き酒会の類は全国各地で多く見られるが、この会のように商品販売促進よりも文化交流に重きを置くタイプの会は珍しい。このように先駆的な取り組みを1960年代半ばという早い時期に定着させることができたのは、多種多様な文化人・教養人が集う京都地域ならではの立地条件にも起因していたと推察される。

「大極上中汲にごり酒」
左から平成22年・平成13年・昭和39年のラベル
提供：株式会社増田德兵衞商店

こうして、月の桂は業界に先駆けてにごり酒の商品化を実現し、"にごり酒のパイオニア"としての全国的な知名度とブランドイメージを確立するに至った。当時の行政ならびに酒造業界の"常識"からすれば、にごり酒を商品化することは逸脱行動とみなされてもおかしくなかった。伏見酒造組合内の他社から清酒のみの製造にすべきという斉一性の圧力が強かったならば、実現していなかったことである。したがって同社の行動に当地の集団的な同調圧力は強くなかったことがわかる。

2.5 TaKaRaの事例－業界随一の積極拡大志向

先述のように、酒造家は総じて大きな資産を有する高階層であり、彼らが本業の酒造り以外のさまざまな事業を多角経営することは昔も今も珍しいことではない。たとえば、灘（西宮）の老舗酒造業者の一つである辰馬本家酒造（白鹿）は、戦前の全盛期には「辰馬財閥」と称され、清酒製造だけでなく、海

表4-1　TaKaRa・月桂冠・白鶴酒造の企業規模比較

社名	資本金	売上高 (2008年度)	従業員数 (2009年4月現在)
TaKaRa	132億2,600万円	1,928億円	3,245人
月桂冠	4億9,680万円	316億円	549人
白鶴	4億9,500万円	352億円	455人

出所：各社HP。

運、保険、不動産、さらには学校経営（甲陽学院中学・高校の経営）に至るまでの多角的な事業展開を見せていた（同社HP）。このような酒造業界にあって早くから積極拡大志向という点でひときわ異彩を放ってきたのが宝ホールディングス（以下、TaKaRa）[26] である。

TaKaRaは、1842（天保13）年に伏見で創業している。創業当初は清酒製造を主としたが、すぐに経営が行き詰まって休業状態となり、1864（元治元）年に再開後は粕取焼酎とみりんの製造を主とした。大正初期まではみりん主体の地方造り酒屋にすぎなかったが、その後、企業規模が大きく拡大した。今日では焼酎、清酒、みりん、機能性食品、醸造用アルコール、バイオなど多様な事業を手掛ける巨大企業グループであり、中小企業が圧倒的多数を占める酒造業界において群を抜いた規模である。

国税庁「清酒製造業の概況（平成19年度調査分）」によれば、2006（平成18）年時点で全国の清酒製造業者1,698社のうち3億円以上の資本金、300人以上の従業員をもつ「大企業」（「中小企業基本法」の規定に従う）はわずか6社であり、他はすべて中小企業である。「大企業」の条件を満たす清酒製造業者にしてもTaKaRa以外はさほど大きくない。表4-1はTaKaRaと月桂冠（清酒製造業伏見最大手）、白鶴酒造（灘最大手）の3社の企業規模を比較したものであるが、それを見ると、TaKaRaが清酒業界においていかに群を抜いた規模であるかが一目瞭然である[27]。

TaKaRaの積極拡大志向にまつわるエピソードは枚挙にいとまがないが、以下では特に象徴的な2つのエピソード－①大正～昭和初期の積極的なM&A、②1970年代の「白色革命」への挑戦を中心に積極拡大の軌跡を振り返る。

エピソード1－積極的なM&A

TaKaRaを創業した四方家は代々堅実な企業経営を是とし、事業拡大に積極的ではなかったが、1916（大正5）年に大宮庫吉が加入して以降、一転して積極拡大志向を見せるようになった（安岡 1998）。有能な技術者であっただけでなく、有能な経営者でもあった大宮の加入は、その後のTaKaRaの方向性を大

表4-2 TaKaRaの積極拡大の軌跡

1916年	大宮庫吉招聘
1925年	寶酒造株式会社設立、大宮庫吉取締役就任
1926年	帝国酒造株式会社（焼酎）合併
1929年	大正製酒株式会社（焼酎）合併、株式会社鞆保命酒屋（焼酎）合併
1930年	清酒醸造開始のため伏見区の土地・建物を買収
1933年	灘の清酒銘柄「松竹梅」を買収し、松竹梅造株式会社設立
1934年	大黒葡萄酒株式会社買収、日本酒造株式会社（焼酎）買収
1938年	東亜酒精興業株式会社設立（資本金の3分の1を出資）
1940年	満州松竹梅酒造株式会社（清酒）設立
1942年	香港麦酒酒精工場買収
1945年	大宮庫吉社長就任
1947年	日本酒精株式会社合併、旭酒造株式会社（焼酎）合併
1949年	株式上場
1950年	安田酒造株式会社買収、伏見に研究所設立
1952年	政府より高鍋工場・島原工場（アルコール）買収、中央酒類株式会社（焼酎）合併
1954年	灘の摂津酒造株式会社（清酒）より灘第二工場買収
1957年	木崎麦酒工場設立、タカラビール発売（1967年まで）
1962年	京都麦酒工場設立
1964年	摂津酒造株式会社（清酒）合併、本辰酒造株式会社（清酒）合併
1966年	大宮隆社長就任
1967年	伏見に中央研究所発足、本社を京都市内に移転
1968年	松竹梅「CHARM作戦」開始（1972年より「慶祝路線」へ）
1970年	中央研究所を伏見から滋賀県大津市へ移設（バイオ事業への展開が始まる）
1977年	宝焼酎「純」発売
1979年	遺伝子工学研究用試薬「制限酵素」発売
1982年	米国のNUMANO SAKE CO.（清酒）に資本参加（翌年、米国現地法人設立）
1984年	「タカラcanチューハイ」発売
1986年	英国のTHE TOMATIN DISTILLERY CO.（スコッチウィスキー）買収
1987年	フィブロネクチン研究プロジェクト（バイオ事業）開始
1989年	伏見に初の清酒四季醸造蔵建設
1991年	米国のAGE INTERNATIONAL INC.（バーボン）へ資本参加（翌年、全株式取得）
1993年	大宮久社長就任、中国大連に宝生物工程有限公司（バイオ関連）設立
1995年	北京寛宝食品有限公司（清酒）設立
1997年	遺伝子治療研究試薬「レトロネクチン」発売
2002年	持株会社へ移行、宝ホールディングス株式会社設立

出所：宝ホールディングス株式会社環境広報部（2006）の記載内容をもとに筆者作成。

寶燒酎のポスター
提供：宝ホールディングス株式会社

きく決定づけた。

　愛媛県宇和島に生まれた大宮は、当地の日本酒類醸造株式会社において日本初の新式焼酎[28]の開発を主導し、20代の若さですでに醸造技師として名をなしていた。1916（大正5）年、日本酒類醸造が他社に買収された際、TaKaRa（当時は四方合名会社）の四方卯三郎社長により破格の条件をもって招聘された大宮は、同社オリジナルの「寶焼酎」の商品化に成功し、技術者として期待通りの成果をあげた。

　1920年代半ば頃には全国焼酎・みりん業界においてリーダー的地位を占めるまでに成長していたTaKaRaは、その後、大宮のリーダーシップの下で同業他社のM&Aを積極的に推し進めることになった（表4-2）。1927（昭和2）年以降の世界恐慌を背景とした経済不況下でも積極拡大志向は失速せず、戦中期には海外に子会社を設立している。敗戦により規模縮小を余儀なくされたが、早くも1947（昭和22）年には戦後初めて同業他社（日本酒精株式会社、旭酒造株式会社）の吸収合併を行なっている（宝ホールディングス株式会社環境広報部 2006）。

エピソード2－「白色革命」への挑戦

　戦後もTaKaRaは積極拡大志向を続け、1961（昭和36）年には資本金が100億円の大台に達した。しかし1960年代半ばになると、主力の焼酎事業が市場における焼酎イメージ悪化・需要低下に伴って行き詰まりを見せるとともに、1950年代半ばに着手したビール事業が思惑に反して莫大な赤字を出すことになった。好景気に沸きかえる日本経済、酒造業界から取り残されるかのように、深刻な経営危機に陥った。この危機的状況下でTaKaRaの舵取りを託されたのが大宮隆（大宮庫吉の娘婿）である。

1966年（昭和41）年に社長に就任した大宮は急ぎ不振を極めたビール事業の清算（工場売却、在庫品売却、従業員リストラ）を敢行するとともに、企業再生に向けたさまざまな取り組みを打ち出した。残された焼酎、みりん、清酒（「松竹梅」）[29]、アルコールの4事業の中で最も大きな力点が置かれたのが、大正期以来の主力事業である焼酎事業の復興であり、焼酎不遇の時代にあって焼酎の固定観念にとらわれない新商品の投入や販売方法の工夫といった企業努力がなされた。1970年代半ば頃になると、「白色革命」と称される、ウォッカやジン、テキーラ、ラムといった無色透明蒸留酒の世界的な再評価の波が日

宝焼酎「純」のポスター
提供：宝ホールディングス株式会社

本にも押し寄せ、焼酎需要が少しずつ回復を見せるようになった。焼酎こそが日本における白色革命の担い手になると確信した大宮は、TaKaRa の技術力とマーケティング能力を結集させて、1977（昭和52）年、新感覚の焼酎商品、宝焼酎「純」を市場に送り出した。この新商品はそれまでの焼酎のマイナスイメージを払拭し、日本での白色革命の先駆けとなった。その後、1984（昭和59）年に業界初の缶入りチューハイ商品、「タカラ can チューハイ」も大ヒットさせるなど主力の焼酎事業において大きく事業を拡大させた TaKaRa は経営危機を脱し、企業として再生を遂げた（宝ホールディングス株式会社環境広報部 2006）。

近年、TaKaRa は、酒造業にとどまらず、発酵技術を活かしたバイオ事業にも取り組んでおり、グローバル市場を意識した研究開発を積極的に進めている。

以上のように、TaKaRa の TaKaRa たる所以は積極拡大志向にあり、この点に関しては伏見だけでなく広く酒造業界全体においても他の追随を許さない。このユニークな企業が、国内最大の酒造地である灘ではなく、他のどの酒造

地でもなく、伏見の地に端を発したという事実は、伏見の酒造家の集団特性を考えるうえで示唆に富む。伏見酒造業界において、醸造用アルコールの製造・販売も行なう TaKaRa はクライアントである伏見内の他社に配慮する立場でもあった。このような状況下でも同社が次々と大胆な行動を起こしていることから、当地の規範的序列意識は同社に強く影響を及ぼしていなかったことがわかる。彼らが見せてきた積極拡大志向という行動パターンは一見すると酒造家らしからぬものであるが、伏見特有の集団特性を考慮するなら、これもまた "伏見らしい" 行動パターンの一つであるといってもよいだろう。

3 まとめ

　本章では伏見酒造業者の進取性を示す5社の事例を記述してきた。月桂冠（大倉治一）は灘の並みいる大手企業を抑え、業界に先駆けて本格的な四季醸造を実現した。黄桜（松本司朗）は灘の大手各社や月桂冠に比して圧倒的に劣勢であったにもかかわらず、業界に先駆けて本格的なテレビ CM を実現した。玉乃光（宇治田福時）は孤立無援状態の中で業界に先駆けて純米酒の商品化に成功するとともに、"顔の見える" 酒米作りという点においてもパイオニアとなった。月の桂（第13代増田德兵衞）はさまざまな困難の中で業界に先駆けてにごり酒の商品化に成功するとともに、酒を媒介とした文化人交遊ネットワークの構築という点においてもパイオニアの役割を果たした。TaKaRa（大宮庫吉と大宮隆）は伏見に限らず清酒業界全体においても非常に珍しい積極拡大志向をとり続け、さまざまな新規事業を成功させてきた。これら5社の事例を通して伏見の酒造家たちが進取性のある行動をとろうとしたとき、規範的な圧力に抑制されることなく実現されてきたことが見てとれる。なお、本章では高度経済成長期における展開に重点を置いた記述を行なったが、伏見の酒造家たちの俊敏で進取的な行動はその時期に限定されたものではない。

注
1　一か所で5社が集まり、共同で醸造を行なうケースがあるが、この場合も分業ではなく、協働である（第5章参照）。

注　81

2　なお、灘に都市的でモダンな文化が栄えるのは明治以降のことであり、江戸時代までは在家農家が栄えるなど、都市的繁栄パターンではない。
3　ただし、共同醸造を行なっているところがある。
4　明治期に本格的な国内製造が始まるビールの存在が清酒業界に大きな衝撃を与え、一部の酒造家がビールと同じような清酒の四季醸造を夢見るようになった。しかし日本の夏は温度・湿度ともに高く、空気中の微生物も多い。冬季醸造と同様の環境を整えるためには、酒蔵の空気を冷却、除湿、除菌して冬季と同じ状態に調整しなければならないが、それは決して容易でなく、20世紀初頭より日本各地で始まる民間酒造家による四季醸造の技術開発の試みはことごとく失敗に終わった。1904（明治37）年には大蔵省醸造試験所が設立され、そこでも四季醸造の実現がミッションの一つとされた。この醸造試験所では当時の先端科学技術を用いての研究開発が精力的に行なわれ、早くも1910（明治43）年には夏季醸造実験に成功している。しかしながら、本格的な四季醸造は当時の技術水準では依然として容易でなかった（月桂冠株式会社　1999）。
5　同社の名称は、「笠置屋」に始まり、「株式会社大倉恒吉商店」（1927〜44年）、「大倉酒造株式会社」（1944〜1987年）、「月桂冠株式会社」（1987年〜）と推移してきた。ここでは年代にかかわりなく、「月桂冠」で統一表示する。
6　月桂冠株式会社元副社長　栗山一秀氏へのインタビュー（2005年4月）
7　灘のA社の四季醸造蔵建設費が月桂冠の倍以上もかかった理由は、主として急激なインフレに起因していたが、それとともに、各機械を自社開発した月桂冠と、機械業者から完成品を購入したA社との間で設備コストに大きな差があったことにもよっていた。栗山氏へのインタビュー（2005年4月、2009年10月）
8　栗山氏へのインタビュー（2005年4月）
9　「大手蔵」（年間生産能力10万石）が稼動し始めたことより、1961（昭和36）年度には月桂冠の年間販売高は10万石を突破し、オリンピックイヤーの1964（昭和39）年度には早くも20万石を突破した（月桂冠株式会社　1999）。
10　その時期に社内の全酒造場において杜氏・蔵人による酒造りを停止したわけではなく、その後もさまざまな地域から多くの杜氏・蔵人を受け入れ、旧来の杜氏・蔵人による冬季醸造と年中雇用社員による四季醸造とを共存させつつ競争させるというスタイルをとることになった（月桂冠株式会社　1999）。
11　戦前期においては月桂冠がその代表例であり、第11代大倉恒吉も第12代大倉治一も広告活動に熱心であった。早くも1899（明治32）には新聞広告を出しており、それ以外にも全国鉄道駅売店で販売され、広告の機能も果たした「コップ付き小びん」の販売（1910（明治43）年開始）、ネオン広告塔の設置（1915（大正4）年）、PR映画の製作（1931（昭和6）年）などさまざまな広告活動を独自に進めている（月桂冠株式会社　1999）。
12　同社の名称は、「松本治六郎商店」（1925〜51年）に始まり、「株式会社松本治六郎商店」（1951〜1964年）、「黄桜酒造株式会社」（1964〜2006年）、「黄桜株式会社」（2006年〜）と推移してきた。ここでは年代にかかわりなく、「黄桜」で統一表示する。
13　1955（昭和30）年度の黄桜の年間製成数量は1,699石であり（戦前の最盛期には3,000石近かったが、戦時中の統制により縮小を余儀なくされた）、伏見最大手の月桂冠（18,852石）に比べて10分の1以下、酒造組合（当時、全36組合員）の製成数量ランキングの中で17位にすぎなかった（伏見酒造組合　2001）。
14　黄桜株式会社　総務部長　石堂義勝氏へのインタビュー（2005年7月）
15　石堂氏へのインタビュー（2005年7月）
16　石堂氏へのインタビュー（2005年7月）
17　1955（昭和30）年度に1,699石であった年間製成数量は、それから10年後の1965（昭和40）年

度には 17,180 石を記録した。さらに、四季醸造蔵の三栖工場（伏見郊外）が操業し始めた 1969（昭和 44）年度以降、大幅な増産となり、その翌年には製成数量が 48,133 石を記録した。これは、伏見ではトップの月桂冠（113,449 石）に次ぐ第 2 位の規模であった（伏見酒造組合 2001）。清酒が飛ぶように売れた高度経済成長期には、伏見地域だけでなく全国の多くの酒造業者が大幅な増産を経験しているが、黄桜ほど劇的な増産（1955～70 年度の 15 年間に製成数量が 30 倍増、同時期の月桂冠のそれは 7 倍増程度）と知名度上昇を経験したところは他にないだろう。

18 当時は純米酒という概念が世間に普及していなかったため、このように命名された。
19 玉乃光酒造株式会社代表取締役社長　宇治田福時氏（現・会長）へのインタビュー（2005 年 8 月）。
20 「純米酒・中興の祖に聞く―『日本酒は米の酒』」『dancyu』2004 年 3 月号
21 純粋日本酒協会は、年 2 回、東京と大阪で「純米清酒を楽しむ会」を開催するなど純米酒の宣伝に努めてきた。会員間では原料米の仕入れから酒造り工程、仕上がった酒の品質管理に至るまで情報意見交換が活発に行なわれてきた。
22 この点に関して特筆すべきは「備前雄町」の契約栽培である。この米は幕末期に岡山県南部で発見された酒造好適米で、その後、各地で交配種として使用される。「山田錦」や「五百万石」をはじめ多くの優良品種がこの系統を引き継いでいるため、"酒米の元祖"と称される。昭和初期まで盛んに生産されたが、丈が高いので倒れやすい、病害虫に弱いといった理由から農家に敬遠されるようになり、次第に「山田錦」に取って代わられた。高度経済成長期頃には絶滅の危機に瀕したが、地元篤農家の努力により復活し、その後は再び酒米としての評価が高まるにつれて、生産量の増加を見せた。宇治田が岡山の「備前雄町」生産農家と最初に契約したのは 1980 年代初頭のことであり、それ以降、両者は単に米を売買するだけでなく、宇治田自らが頻繁に農家に足を運んで意見交換を行なうとともに、冬場には農家が酒造場を訪れてできあがったばかりの新酒を試飲するなど密接な交流を図ってきた（玉乃光酒造株式会社 HP）。
23 税務署に対して増田がとった対抗戦術は次のようなものである。「"中汲みといって、発酵、熟成がゆきとどいたモロミのなかほどからくみだし、目の粗いザルで漉す"という大変化球を投げた。白濁しているが、一応は漉してあるのだから、"法律違反ではない"という奇手を編み出したのである。酒税法の『ザル法』ぶりをザルで漉すことによって、打ち破ろうというのであろう」（株式会社増田徳兵衞商店 2001 : 126）。交渉は長引いたが、最後は税務署サイドが折れ、「大極上中汲にごり酒」については、酒税法上に新たに条例規定を設けるということで決着した。なお、月の桂のにごり酒は、漢字表記（濁酒）ではなく仮名表記（にごり酒）であるが、それは漢字表記にすると法に触れるので、あえてこのように表記されている。
24 株式会社増田徳兵衞商店代表取締役社長　増田泉彦（現・第 14 代徳兵衞）氏へのインタビュー（2005 年 6 月）
25 そもそも酒造家は地域において群を抜いた資産家であることが多く、経済的な余裕を背景に文化芸術の方面に造詣が深い酒造家も多く輩出されてきた。こうしたタイプの酒造家になると、やはり多岐にわたる文化芸術界との交遊ネットワークを備えているものであり、この点において月の桂は古くからひときわ目立った存在である。近代以降では中村真一郎、武田泰淳、開高健、水上勉、丸谷才一など酒をこよなく愛する著名作家たちが月の桂の酒への思いを書き記している。また、小津安二郎監督作品「小早川家の秋」（1961（昭和 36）年公開）は第 12 代増田徳兵衞を主人公のモデルとして描かれている（株式会社増田徳兵衞商店 2001）。
26 同社の名称は「四方合名会社」（1905～25 年）、「寶酒造株式会社」（1925～2002 年）、持株会社「宝ホールディングス株式会社」および事業子会社「宝酒造株式会社」・「タカラバイオ株式会社」（2002 年～）と推移してきた。ここでは年代にかかわりなく「TaKaRa」で統一表示する。
27 TaKaRa は清酒製造を営む企業の中で唯一の上場企業（東証一部、大証一部）である。

28　日清・日露戦争後、日本国内に大量の軍需用アルコール（エチルアルコール）が余り、さらに海外の安価なアルコールも流入し、供給過剰となった。日本酒類醸造はこの余ったアルコールに加水し風味をよくした新式焼酎の発売に成功した。日本酒類醸造が考案した新式焼酎は安価で、高品質であったため好評を得た（宝ホールディングス株式会社環境広報部 2006）。

29　1968（昭和43）年、「CHARM 作戦」と名付けられた大掛かりなマーケティング戦略を打ち出した。そこでは「松竹梅」が"慶祝の酒"という限定的なイメージで売り出されることになったが、それには次のような理由があった。当時、醸造用アルコールの製造も行なっていた TaKaRa にとって他の清酒製造業者は競合者であると同時に顧客でもあった。このため、顧客である清酒製造業者に対して角が立たぬよう、清酒事業を独自の慶祝路線に特化させ、同業他社との棲み分けを図った（宝ホールディングス株式会社環境広報部 2006）。さらに、1989（平成元）年、伏見に大規模な四季醸造蔵を完成させて以降、清酒の製成数量を著しく増加させるようになった。このことは、第2章で触れた、平成不況以降の伏見酒における清酒製成数量の低下が他産地に比べて緩やかであったことの要因の一つとみなすことができる。

第5章
多様な成員の集団秩序[1]

1 「第3の仮説」社会的環境による苦慮と多様な成員の集団秩序

1.1 多様な成員の集団特性と秩序

　第4章では酒造家たちの集団特性として、巨大銘醸地である灘に先んじて技術革新を行なった例、国策の逆風に負けずに純米酒復興に立ち上がった例などをあげ、同調圧力の弱さと彼らの俊敏で進取的な行動パターンの関係について説明を行なった。ところでこのように同調圧力が弱い集団は、強い集団に比べ、全体の合意形成を待たずに新規性に富んだ試行的、挑戦的な行動が起こりやすい反面、集団の秩序が乱れやすいのではないだろうか。また伏見には全国の清酒製造業トップ10のうち3社[2]があるが、当地では大企業への下請けとして桶売りする中小企業は2割未満であり、そのほとんどが大企業と従属関係にないため、大企業の意向を忖度する必要もない。興味深いことに伏見には創業数百年の中小企業がいくつもあり、大企業と圧倒的な規模の差がありながら淘汰されることもない。それどころか伏見酒造業を構成する酒造家として、製成数量にかかわらず酒造組合内で対等に意思決定権の1票をもつ。ところが独自行動を起こしやすく、大企業に組みするわけでもない彼らが伏見酒造業全体のための協調行動も多々行なっている。当然のことながらその協調行動には必然性があり、彼らは協調行動を取らなければ乗り越えられない苦難が降りかかるたびに集団結束を強めてきたのである。

　多様な成員がバラバラにならず、秩序だった協調行動をとることに関しては、たとえばマルチエージェント理論などでは、多様なエージェントの協調や協調を創発させる能力をもったエージェント集団の実現、あるいは異質なエー

ジェントにおける秩序の創発に関するシミュレーションが行なわれている（八木・佐藤 1994；岩永・生天目 2002）。岩永佐織と生天目章は異質な集団の相互作用に着目し、協調的、相互補完的、堂々めぐり的な相互作用に分けて分析し、異質な集団の相互作用によって安定した秩序が形成され、相互補完関係が生まれる場合があることを析出している。これは結果としてデュルケームの有機的連帯説を追試していることになり、異なるパートを手分けして有機的に連携する大田区や東大阪市のような工業集積地での分業が当てはまるだろう。しかし酒造業の場合、発酵工程を分業することが難しく、現在、分業は精米、ブレンド、瓶詰めといった材料面および仕上がり後の作業に限定されている。そのため伏見酒造業の場合は先述のシミュレーションのケースとしては当てはまらず、さらなる説明が必要である。

1.2　同調行動と集団特性

　秩序だった協調行動には「同調」も重要な要素である。第4章でも触れたように同調には集団に受け入れられたいという規範的影響と、正しい選択を行ないたいという欲求がもたらす情報的影響の2つの社会的影響がある（Deutsch & Gerard 1955）。さらに集団への同調には集団からの賞罰に起因する追従、集団の魅力に起因する同一化、集団の情報の信憑性に起因する内面化の3つがある（Kelman 1961）。そして同調が起こる条件として課題の重要性に着目した研究では、個人にとって重要性が低い課題の場合、同調は起こりやすいが、重要性が高い課題の場合、外部の圧力より個人の志向が優先され、同調は起こりにくいことが示されている（木下 1964）。しかし、その後、高重要課題下でも、情報的影響により同調する傾向が確認された（Wyer 1966）。さらにある地域の中学生という同質的な集団での同調実験では、課題の重要性の高低にかかわらず、規範的同調圧力が強いという傾向が見出されている（宮島・内藤 2008）。これらの研究は、同調における課題の重要性と成員の同質性、異質性といった特性が関連する知見として興味深い。

　また統計モデルを用いた地域住民の合意形成過程のシミュレーション研究では、情報的影響による同調モデルで分析しており、自己の選好が、多数派の意

見を知ることによって同調する傾向があることを示している（橋本・佐藤・山路 1999）。伏見の酒造家にも協調行動が見られ、これらの知見は彼らの行動を考察する上で有用である。ただし、このシミュレーションの場合、住民の属性や彼らを取り巻く環境からの圧力に関するパラメーターが考慮されていないため、伏見の事例を説明するのに十分とはいえない。

　流動性の高い地域での秩序について検討した研究では、地域住民の属性を農村土着型、都市土着型、都市流動型と分類し、異質性の高い成員が多い流動的な地域では互いに利害関係が対立し、協調行動に至れない事例が示されている。この研究では、異質性の高い成員の利害関係の対立による葛藤を収める地域統合の媒体となる組織の存在が秩序の鍵であると結論づけられている（春日 1970）。

　そして人々が対立する場面において、彼らの多様な規範に着目した L. ボルタンスキと L. テビノは、規範的秩序をシテ（Cité）と呼び、人々が属する多様なシテの葛藤を分析している（Boltanski & Thévenot 1991 = 2007）。これを応用し、地域の産業集積地のシテの同質性と異質性に着目し、新規的なラディカル・イノベーションが起こりやすい可能性について検討した研究がある（水野・立見 2008）。この議論では同業者集団は均質なシテを共有し、類似的知識を共有する認知的距離の近さから、ラディカルなイノベーションが起こりにくく、漸進的イノベーションになりがちであるとしている。これを伏見酒造業に当てはめてみると、同業者集団であるため、比較的均質なシテを共有していることになるが、冬季醸造が主流であった時代に、日本で最初に四季醸造を行なったのは伏見酒造業であり、同業者集団の産業集積地にはラディカル・イノベーションが起こりにくいという議論は当てはまりにくく、さまざまな地域から集まった多様な成員のシテは、当然のことながら共有されている部分と、異なる部分があり、類似的知識を共有する認知的距離の近さだけでは、伏見酒造業での現象は説明し難い部分がある。ただし、伏見酒造業の中でも見られるシテの葛藤、あるいは時代とともに重視されるシテの変化などを考察する際、これらの研究は有用である。

　伏見の酒造家の進取的な独自行動は、同調を強制する圧力が加わりにくかっ

た集団構造が功を奏したと述べてきたが、同調圧力が弱いという環境だけでは、彼らはバラバラでそれぞれの利害で葛藤を起こす集団でしかなかっただろう。先に触れたように彼らは協調行動も行なっており、同調傾向も見られる。多様な成員における一定の同調は、秩序維持に重要な影響を及ぼすであろう。先に示したいくつかの同調研究の知見から伏見の酒造家たちの秩序維持要因について考察すると、彼らの行動は同質性の高い集団の同調行動ではなく、また賞罰に起因する追従、同一化、内面化による同調でもない。そして異質性の高い集団内での不毛な利害の対立による無秩序状態でもない。そこでわれわれは、異質性の高い彼らにとって解決すべき重要な課題が存在し、正しい選択を行ないたいという必然性による情報的影響から同調が起こっているのではないかと予測した。そしてそれは彼らの多様なシテの葛藤を超えるほど、深刻な課題であったのではないかと考えたのである。

1.3 集団秩序維持の必然性

　以上の議論を踏まえた上で、本章では彼らの集団秩序維持を促す要因として、情報的影響による同調と課題の重要性の関係、また統合的組織の機能などを検討する。具体的には正しい選択をするために協調すべき必然性があるような事態の深刻さ（重要な課題）に着目し、国の規制の厳しさから同調せざるをえなかった社会的必然性を検証する。以下では、協調せざるを得ない多数の困難な事態に追い込まれたことが、彼らに秩序をもたらしたという事例を示していく。まず第2節では米、労働者確保という他地域にはない苦労を経験し、協調して確保するという必然性、第3節では国による規制、税制の厳しさに事業存続をかけて抗するという必然性、第4節では国にとって重要な財源である酒造業には、規制だけでなく保護策も与えられたが、それを享受するために伏見酒造業全体の総意を示す必然性、第5節では自由競争による無秩序状態での自滅防止の必然性、そして第6節では伏見酒造業にとって最も重要な要素である水という共用財の危機救済の必然性など、常に伏見酒造業では協調行動を取ることでリスクの軽減、コストの削減、不利な状況の回避など、困難を乗り越えてきた歴史的経緯があることを示す。そしてこれらの事例からは伏見酒造組合

88　第5章　多様な成員の集団秩序

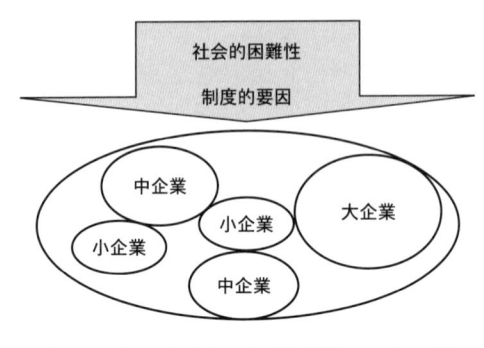

図5-1　伏見の酒造家の集団秩序維持のイメージ図

が、伏見の全酒造家が共通の目的を達成するための統合機関であると同時に、政府（背景に軍が控えることもあった）が強制的に酒造業を統制する際のインターフェースとして機能してきたことを示す。以下、さまざまな困難が多様な集団の秩序維持に役立ったという第3の仮説を立てた。

【第3の仮説】
　伏見の酒造家たちを取り巻く困難な状況は、多様性の高い集団の秩序を保つ要因となっている

2　制約的条件克服のための協調の必然性

　伏見酒造業は、米、杜氏・蔵人の酒造技術者の確保に大変苦慮してきた歴史がある。農業兼営型の酒造家にとっては当たり前のように供給される原料米と労働力（杜氏・蔵人）であるが、伏見酒造業にとってはこれらの確保を安定的に行なうことが大変重要な課題であった。そのため個々の酒造家がこれらについて個別に活動を行なうのではなく、伏見酒造業全体のために酒造組合内に「原料米委員会」「労務委員会」がそれぞれ組合員（各社の社長）の中から任命され、各地域に出向いて調達準備を行なってきた。以下では『伏見酒造組合一二五年史』の記載内容を中心に、官庁データ、文献、インタビューなどから、米と労働力の確保のために協調行動をとってきた酒造家たちの姿を示す。

2.1　伏見酒造組合を通じた原料米の確保
　農業兼営型酒造家以上に、伏見の酒造家が苦しんだのは原料米の確保である。第3章では原料米について述べたが、ここでは組合主体の行動に特化して

まとめる。たとえば昭和初期まで、酒価下落阻止を目的とする酒造業全体への生産の自主規制が行なわれてきたが、第二次世界大戦に入る頃から食用以外の米の消費を抑制するための生産制限へと変わり、米の供給が厳しい状況になると、伏見は農村部以上に大きな打撃を受けた。不作の年など、地元の酒造家への供給さえ厳しい中、県外の酒造家への原料米の供給優先度はさらに低くなる。自主流通米制度が始まるまでは、酒造業者は造ってもよいとされる量の米しか購入できず、基準指数の獲得は非常に重要であり、酒造業者間で譲渡交渉が行なわれていた[3]。昭和30年代、需要急増に対して原料米の確保が最重要課題となり、原料米の買い付けの交渉を酒造組合の原料米委員会が行なった。

原料米は戦前から約30年間続いた全量管理の食料管理制度から、1969（昭和44）年の自主流通米制度になり、さらに1995（平成7）年からそれまでの闇米をいわゆる計画外流通米として認知した旧食糧法（自主流通米＋政府米＝計画流通米について管理）、そして2004（平成16）年の改正食糧法では、100万tを適性水準とする備蓄にかかる政府米以外は原則的には米に流通法制上の区分・規制がなくなるという、完全管理から自由化へと移行してきた（藤野2005）。このように酒造業はその原料である米の供給、つまり流通制度に直接的な影響を受け続けてきた。

自主流通米制度は、政府の財政負担軽減、政府買入量の抑止を目途に実施され、管理から自由化へと移行したものである。原料米の購入には多額の資金が必要であったことから、酒造業界は同制度の導入による自由化で秩序の崩壊を警戒し、規制緩和に反対したが抗しきれなかった。このことは基準指数がもつ原料米の受給権の（原料米購入資金調達のための）担保価値を喪失させることを意味し、酒造業界は基準指数の担保価値に代わる対策に迫られ、伏見酒造組合でも対応することになる。

米の購入の自由化過程は、一般米および酒造好適米の購入先の比率の変化からも見ることができる。表5-1に示すのは、1982（昭和57）年度から2007（平成19）年度の原料米の購入先の組合、商社比率である。1987年度から徐々に商社の代行比率が組合を上回っているが、酒造好適米は組合扱いで購入され続けている。2002年度からは商社でも酒造好適米を扱っていることから、さ

表5-1 原料米の組合扱いと商社代行の割合

(上段：実数 t　下段：構成比%)

	組合扱い				商社代行				計
	一般米	酒造好適米	モチ米	小計	一般米	酒造好適米	モチ米	小計	
1982年度	18,420	7,791	45	26,256	18,735		45	18,780	45,036
	40.9	17.3	0.1	58.3	41.6	0.0	0.1	41.7	100.0
1987年度	15,482	6,221	92	21,795	24,237		46	24,283	46,078
	33.6	13.5	0.2	47.3	52.6	0.0	0.1	52.7	100.0
1992年度	10,165	7,483	141	17,789	29,271			29,271	47,060
	21.6	15.9	0.3	37.8	62.2	0.0	0.0	62.2	100.0
1997年度	1,492	11,388	99	12,979	36,749			36,749	49,728
	3.0	22.9	0.2	26.1	73.9	0.0	0.0	73.9	100.0
2002年度	67	6,213	100	6,380	26,991	33	0	27,025	33,405
	0.2	18.6	0.3	19.1	80.8	0.1	0.0	80.9	100.0
2007年度	33	7,565	33	7,731	24,114	1,053	0	25,167	32,898
	0.1	23.3	0.1	23.5	73.3	3.2	0.0	76.5	100.0

出所：伏見醸友会（1988）（1998）（2008）

らに規制が緩和されたことがうかがえる。酒造好適米は上質の酒造用米であり、食用には不適合であり、生産する農家が少ないため、その確保は容易ではない。組合扱いが多いのは小規模の企業が原料米の確保を行なおうとした場合、地元に酒造好適米の生産地がある酒造業者に比べて、県外の酒造業者は不利になりがちであるため、個別の事業者として交渉するより、伏見酒造組合という「団体」で交渉した方が、少しでも優位に確保することができるためという。

2.2 杜氏・蔵人の確保

第一次産業従事者が多かった時代には、酒造家が杜氏・蔵人の確保に奔走する必要はなかったが、高度経済成長期以降は、若年層の工業への就業による労働力不足が起こり、事態は深刻になった。そのため伏見酒造組合は、労務委員会を設置し、委員長を務める酒造家が杜氏組合との交渉、求人のために杜氏・蔵人の郷里を視察し、各地の職業安定所および町役場への訪問と折衝を行なった。各地の酒造地でも工業への人材流出は起こっていたと考えられるが、伏見の場合、労務委員長が各流派の地域を奔走しなければならなかったことは、地

元に農漁村民がいない伏見酒造組合の酒造家たちに課された大きな負担であった。しかし、このことは酒造家たちに負担だけでなく各流派の「常識」の違いを知り、全体の傾向からバランスのよい判断を下す情報収集ができたともいえる。組合では個々の酒造家が各地を回るのは大変な負担であるため、代表の酒造家が組合の労務委員長として行なうことで、コストを軽減している。これらの委員会制度により組合を通じて中小企業が解決すべき問題に共に取り組んでいたことがわかる。労務委員長は、各地を回ることで優秀な杜氏や季節従業員を確保するために労働条件の処遇改善の必要性を感じ、組合としての方策を練った。

たとえば表5-2に示すように、1967（昭和42）年の伏見酒造組合の労務委員会報告書には次のような記録が残っている。伏見酒造業の新卒採用者の初任給は1967（昭和43）年で、最高30,000円から最低23,000円が支払われている[4]。それと比較すると、杜氏集団は酒造期間中、ほとんど休暇を取らないため30日で換算すると、C号給でも大卒男子の月給を超えることがわかる。C号給は見習いの最も若手の中卒男子が多い（ただし、酒造技術者としての就業は冬季だけであり、帰省した後は失業保険と農林漁業による収入であるため、年間を通してこの収入を得られるわけではない）[5]。他府県の農漁村民にとって遠く離れた京都に来ることはかなりの現金収入だったことだろう。

食事の献立に関しては、労務委員会が各社の食事に対する実態調査を行なったところ、ばらつきが大きかったことから、京都女子大学栄養化学研究室および調理研究会に依嘱してカロリー計算、栄養バランスを考慮した献立作成を行なっている。蔵人たちの食生活まで酒造家たちがケアに奔走している様子

表5-2　1966（昭和41）年度　季節労働基準賃金表

号給	基準賃金日額	食事給与日額	合計賃金	該当職種
杜氏給	任意	195円		
	(3,200～1,680円)			
A号給	1,430円	195円	1,625円	三役及び精米頭
B号給	1,215円	195円	1,410円	準役人
C号給	1,030円	195円	1,225円	一般工

出所：伏見酒造組合労務委員会（1967）

表 5-3 労務管理委員会の実施による食事献立（1967 年）

食別	第 1 日目			第 2 日目			
朝食	ご飯	わかめと豆腐の味噌汁	キャベツのごま酢	ご飯	タマネギの味噌汁	きんぴら	漬物
昼食	ご飯	あじの中華風唐揚げ（野菜あんかけ）	酢ぬた	ご飯	筑前煮	白菜即席漬	
夕食	ご飯	おでん（さつまあげ、大根、こんにゃく、がんもどき、こんぶ）	もやしのおひたし	ご飯	天ぷら（いか、ごぼう、にんじん、タマネギ）	赤だし	

1食当たり790キロカロリーで計算されている。その他にも材料名、一人当たりの分量、カロリー、タンパク質、脂肪などの詳細なデータが記載されていた。
出所：伏見酒造組合労務委員会（1967）

が、当時のメニュー（表 5-3）や記録からうかがえる。その他にも、たとえば賃金に関することでは、杜氏の退職金制度の整備が全国杜氏組合から日本酒造組合中央会へ強く要望され、組合でその対応を協議し、組合から杜氏・蔵人の賃金基準を示すことで、企業間にアンバランスが起こらないよう配慮している。

　これらのことから酒造家たちが、労働力の確保、就業者の労務管理などのために伏見酒造組合の中に担当部署を組織し、事業継続のため、各自の利益につなげるため、困難の回避のために協調行動をとっていたことがわかる。さらにこの原料米委員長、労務委員長をはじめとする交渉役の持ち帰った外部情報は、伏見だけの「常識」にとらわれない経営者たちの意思決定に影響を与えていたことだろう。

3　国による規制、税制に抗するための協調の必然性

3.1　国の規制、税制に苦しんだ清酒製造業の歴史

　清酒製造業の歴史は国の規制や税制に翻弄された歴史でもある。清酒製成数量の減少の原因は、消費者の嗜好の変化と共に税率の問題があるといわれている。酒税負担率と製成数量の関係を検討するために、酒類の製成数量を時系列で示したものが図 5-2 である。高度経済成長期以降ビールの台頭が著しい中、清酒の製成数量も伸びを見せるが、1970 年代半ばをピークに減少している。

反対に1960年代には圧倒的に清酒より少なかった焼酎が、1980年代半ばには清酒に迫り、2000年頃にはついに清酒を追い越している。

国税の主要部分を「米・小麦・酒」が占めていた時代も長く、現在でも酒税は間接税の主要な財源のうちの1つで1.5兆円（第3位）を上回り、そのうち清酒および合成清酒の酒税は約800億円である（平成20年国税庁酒税課税状況表）。伏見の酒造家は「酒税が重いといっても、そのまま商品に重ねると消費者の購買意欲が下がるので困ります。価値のある良いものを造っては、いかに安く売るかに腐心する、へんな商売ですわ」と語る[6]。

政府は酒税の収入が高額であったために、過小申告により所得の隠蔽を行なう業者がいないか常に作業場に入り、製成数量と収入に偽りがないかを検査する体制を組み、酒造業界を監視してきた[7]。政府が酒造家の収入を監視するあまり、酒造家はその税率や規制の厳しさに苦しみ、また酒類の流行の変化もあり、造れば造るほど減収となり、全国的に廃業を選ぶ酒造家も少なくなかった。終戦直後からの急激なインフレによる政府の財政運営上、継続的にさまざまな形で酒税増税が続いていたが、1963（昭和38）年、他の酒類に比べて、清酒の酒税があまりに不当に高額であるとして、清酒業界を挙げて酒税法の改

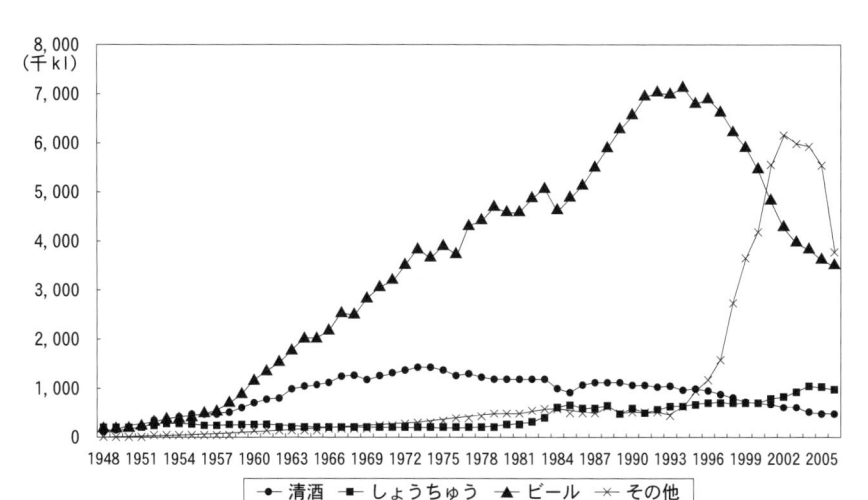

図5-2　製成数量長期状況
出所：国税庁HP（酒税）

正を訴えた記録がある（西宮酒造株式会社 1989）。

　酒税率の推移をビール、清酒、焼酎に限定して示したものが図5-3である。1949（昭和24）年にはビール165千kl、清酒188千kl、焼酎174千klと同じ程度の製成数量であり、税率も1950（昭和25）年でビール77.4％、清酒77.1％、焼酎は10％低く69.7％であるが、いずれも高い。その後、1960（昭和35）年には、税率の引き下げが行なわれているが、ビール、清酒の税金負担率が20％程度の削減に留まっているのに対して焼酎は30％余り削減されている。先述の訴えは、酒税そのものの負担率だけでなく、この焼酎との税率の違いも影響していると予測される。そして1970（昭和45）年にはさらに焼酎との税金の負担率の差が広がり、焼酎は清酒の3分の1程度になっている。ビール、清酒、焼酎の酒税は1980年代半ばまで下がり続けるが、生活様式の西洋化や焼酎との価格差などにより、清酒の需要は減少し続けた。そして、1994（平成6）年には焼酎の方が清酒よりも税率が高くなるが、もはや清酒離れを食い止めることは困難な状況になっており、ついに2000（平成12）年に製成数量でも清酒は焼酎に越されている。

　このような状況の中、酒造家たちは税制に敏感に反応し、政府に組合として

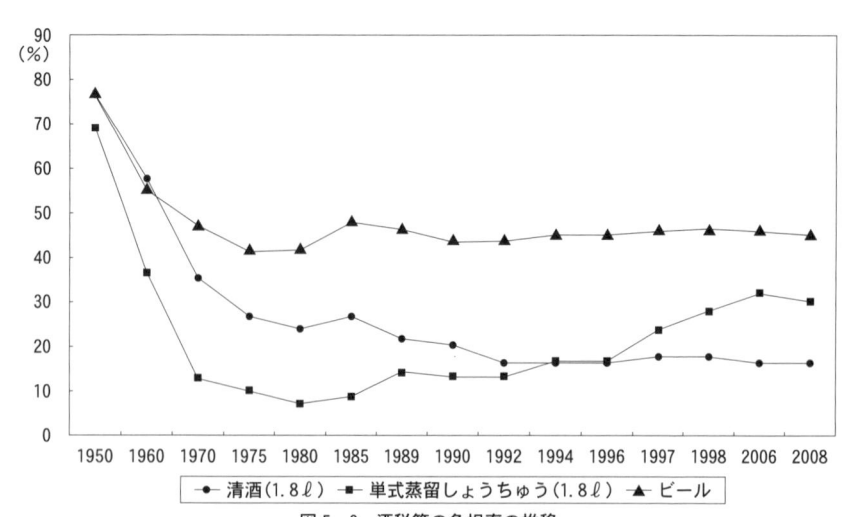

図5-3　酒税等の負担率の推移
出所：国税庁HP（酒税）

の意向を伝えている。そしてこれは伏見酒造業だけに限らず、すべての酒造家が抱える問題であり、清酒の酒税課税比率低減の陳情が日本酒造組合中央会を通して行なわれ続けている。

3.2 政府の圧力と伏見の動き

　前項であげた税金の負担以外にも政府から多くの圧力があり、伏見の酒造家たちは清酒業界として政府へ交渉を行なう際、組合として一致団結する必然性があった。政府は1940年代、戦争が進行する中、軍需産業ではない酒造業にも合理化政策をとり、企業整備令により業界全体の合理化・縮小化を求めた。1943（昭和18）年、大蔵省により醸造場は操業、保有、転用、廃止の4種類に分けられ、再編成がなされた。表5-4は、その当時の伏見酒造組合員の統合状態を示したものである。当時、各地域の税務署から各酒造組合に対して、再編の組み合わせが伝えられ、その実施が迫られている。この時、現在も続く創業300年を越える老舗も一時的に暖簾を下ろすことを強制されており、当時の軍、大蔵省の圧力の強さがうかがえる。

　しかし、当時の「欲しがりません、勝つまでは」の社会情勢の中、酒造業だけでなく、軍需産業以外のすべての産業に有無を言わせない合理化政策が言い渡され、老舗でも合併することを承諾せざるを得ない状況だったという[8]。その後、戦後の復興に伴い、かつての企業整備により独自の酒造りを中止せざるを得なかった組合員たちは、再び自社での製造を再開させた（統合されたまま移行した企業もある）。

　このように酒造業界には、企業の存続、アイデンティティに関わることが軍の力、政府の圧力で行なわれてきた歴史もあり、業界全体の不利益になることに対して抗するために協調すること、あるいは苦渋の選択を迫られるような経験を共有している。

表5-4 伏見酒造組合における企業整備の前後および復活

整備前の製造者	整備後の製造者	昭和20年～昭和32年
井上酒造合資会社 伏見向陽酒造合資会社	井上酒造合資会社	井上酒造合資会社
株式会社堀野久造商店 吉村源太郎 高井酒造合資会社 中伊兵衞	株式会社堀野久造商店	株式会社堀野商店 吉村源太郎（復活）→吉村酒造株式会社 （高井酒造）→平和酒造合資会社（復活） →中六酒造株式会社 （中伊兵衞）→平和酒造合資会社（復活）
株式会社大倉恒吉商店 共同酒造株式会社	株式会社大倉恒吉商店	大倉酒造株式会社
岡本酒造合資会社 宝酒造株式会社西堺町の実績吸収（13,620石）	岡本酒造合資会社	岡本酒造合資会社
谷八太郎 谷雄二 谷正太郎	谷八太郎	谷八太郎 （谷雄二）→向島酒造株式会社
伏見銘醸株式会社 山本勘蔵 木村小四郎	伏見銘醸株式会社	伏見銘醸株式会社 山本勘蔵（復活）→株式会社山本勘蔵商店 （木村小四郎）→向島酒造株式会社（復活） →山本勘蔵
株式会社北川本家 辻悦治 増田德兵衞 中啓吉	株式会社北川本家	株式会社北川本家 （辻悦治）→平和酒造合資会社（復活）→ 中六酒造株式会社 増田德兵衞（復活）→株式会社増田德兵衞商店 （中啓吉）→平和酒造株式会社（復活）→ 古林酒造有限会社
木村元太郎 藤井伊兵衛 藤井酒造合資会社 酒井吉之進	共栄酒造株式会社	共栄酒造株式会社
北川文次郎 大八木酒造株式会社 竹谷誠之助	向島酒造株式会社	向島酒造株式会社

出所：伏見酒造組合（2001）

4 政府の支援享受のための協調の必然性

4.1 技師による近代化

　国が酒造家を規制、管理する一方で、安定的に酒税を徴収するためには酒造業者が安定的に生産できなければ達成されず、酒造業界が順調に発展することは国策として重要な課題であった。そのために政府は技術指導や資金援助、原料米確保に関する優遇などの措置も行なってきた。

　現在でも菌のコントロールは非常に難しいといわれるが、明治期までは温度管理、酵母の特性も杜氏たちにはもたらされていない知識であった。そのため、明治期の政府は近代化のために工業に注力するだけでなく、酒造業でも帝国大学で発酵学・醸造学を修めた学士を技師として全国の酒造地へ派遣した。それまで杜氏・蔵人の経験と勘で行なわれてきた酒造りに近代科学の知識を用い、酒の腐敗防止などの製造技術の導入、啓蒙活動が行なわれた。

　1907（明治40）年に大蔵省醸造試験所は、鹿又 親（かのまたちかし）技官を伏見に派遣して、月桂冠の北蔵で伏見酒を調査させている。同社の第11代大倉恒吉は近代科学

月桂冠の大倉酒造研究所（大正初期）
提供：月桂冠株式会社

による菌のコントロール技術に感銘を受け、その後、東京帝国大学（現・東京大学）卒者、大阪高等工業学校（現・大阪大学工学部）卒者を技師として雇用した。これは、この時代の酒造家はあくまでも出資者であり、杜氏から出来上がった酒を受け取るという立場であったのに対して、14歳の若き家長に現場で学べと母親が蔵に入ることを命じ、彼が酒の腐敗に苦労したことから技術の近代化への渇望が非常に強かったためといわれる。尋常小学校卒の人々も多く働く職場における帝国大学から招聘された学士の給与は大番頭の給与の3倍という非常に高額であったという[9]。その後、伏見酒造組合も1909（明治42）年に醸造研究所を設立し、大阪高等工業学校卒者を雇用した。

　大蔵省から派遣された技官が全国の酒造地を奔走して酒造技術の改善に努め、さらに各地域の工業試験所に技師が配属されたことにより、清酒の生産安定、品質向上が図られた。その中で一産地に3人もの学卒者が集まって醸造研究に従事することは極めて稀なことであったという。他の地域の酒造家にも資産家が多いが、近代技術のため、高額の人件費を投入する意思決定を素早く行なう酒造家たちの特性がここからもうかがえる。

　他にも伏見酒造組合では、すでにこの時期から京都帝国大学（現・京都大

月桂冠の昭和蔵分析室（1939（昭和14）年）
提供：月桂冠株式会社

学）の助教授に醸造技術の指導や信用組合についての講演を依頼し、組合員のレベル向上に努めている。これらのことから伏見の酒造家たちに、当時の学士に高給を支払う資産があったこと、狭い地域に大学が近くにあるという京都の地の利が働いたことがうかがえる（酒造家にも当時から大卒者がおり、大学が彼らにとって身近であったことも関係があろう）。

　政府が品質向上のために行なった博覧会や品評会で「伏見酒」として地位を確立するために、さらに組合内でも「酒類品評会」を行ない、そのレベル向上に努めた。品評会は伏見酒の名声のためだけでなく、「審査長に大阪税務管理局技師、審査員に酒販業界でのきき酒の練達者を招聘して行なわれたため、優等賞に輝いた酒は通常価格より高い値段で取り引きされ」（伏見酒造組合 2001：73）、個々の組合員の動機づけにもなった。その意味で政府の出す評価基準は酒造業者にとって、審査に合わせた味の偏りという弊害もささやかれるが、「お墨付き」の獲得を目指し、品質向上への努力を促す効果があった。

4.2　経済支援策

4.2.1　共同醸造への融資

　伏見酒造業には、伏見酒造組合の中に、さらに伏見銘酒協同組合があるという二重構造が存在する。一見不思議なこの組織体系は、1981（昭和 56）年に、季節従業員の減少、機械化、省力化によるコストダウンの必然性から、政府からの推奨もあり、伏見酒造組合内で共同醸造研究委員会を発足させ、共同醸造の可能性を試行することから始まった。そして 1989（平成元）年に政府、京都府の協力を得て伏見銘酒協同組合が設立された。これは 5 社以上で組合を結成すると無担保で融資を与えるという優遇政策を受けて行なわれたもので、組合の中の組合は珍しく、灘にも存在しない。無担保とはいえ、新しい共同醸造施設を作るコストは大きく、この優遇策の利用を控えたところが多かったが、伏見銘酒組合の場合、5 社のうち最も大きい山本本家が自社の設備を提供し、設備コストを抑えたため、成功した珍しい例といわれる。大企業は流通ルートを確立しており、小企業は自社で販売できる程度の製成数量であり、中規模の企業が最も苦しいといわれる中[10]、将来を見据えた生き残り策として、数社の

みの思い切った共同醸造方式への取り組みも伏見らしい進取性の一つといえるだろう。

4.2.2　原料米購入資金への融資

　酒造業は国の管理、規制に苦しんだ歴史があるが、政府にとっても重要な産業であったため、他産業より守られてきた歴史もある。原料米の購入資金の調達は酒造家にとって大変重要な問題であり、融資は事業存続の要ともいえる。原料米を購入する資金は元来、酒造家自身によって賄われてきたが、戦災を免れた伏見には高額の財産税が課せられ、その納入のために土地や借家を手放す酒造家もあった。その他、新円の切り替えなど、酒造家の経済状態は悪化し、原料米の資金調達が困難になった。そこで日本酒造協会（のちの日本酒造組合中央会）は資金に対する融資の陳情を続け、1952（昭和 27）年に運転資金に対する融資、翌年には原料米についても融資の優先順位を高めることに成功している。

　1961（昭和 36）年、伏見酒造組合は原料米購入資金を一括して都銀 4 行、地銀 1 行から貸借しており、融資金額は 10 億円を超えていた。この頃の政府による融資制度では、ホーロータンク（木桶のように雑菌繁殖の心配がなく、安定的に酒造りができるとホーロータンクの導入が推奨された）設置資金が借入者全員での連帯保証とされ、組合員同士の関係性は組合員という立場だけでなく、経済的にも連帯関係になった。この連帯保証人という制度は周囲の組合員にハイリスクを負わせるような制度であるが、伏見酒造業では廃業する組合員は、この連帯保証人制度で返済不可能となって他社に借金保証の迷惑をかけた企業は一切なく、自己資金で借金返済を終えているという[11]。

　この融資制度が実施されていた頃、伏見酒造組合は原料米購入資金の融資を受けるための機関として重要な役割を果たし、また組合員相互は、それぞれの連帯保証人になるという制度的な拘束、連帯の必然性があった。

4.2.3　清酒製造業安定基金制度

　その後、自主流通米制度の導入により、原料米の基準指数の担保的価値が喪

失したことから原料米の価格も自由化された。そのため原材料費の高騰に酒造資金の融通が困難になり、転廃業する業者の増加が危惧された。そこで日本酒造組合中央会は「清酒製造業安定基金制度」の設置を働きかけ、清酒製造のために必要な資金を金融機関から借りる際に、日本酒造組合中央会が保証するという制度を確立した。これにより従来、組合を通して融資を受け、連帯保証人となっていた酒造家は、日本酒造組合中央会を通して個人で融資を受けることが可能となり、他の酒造家の保証人になるという経済的なリスクから開放された。この保証制度を利用するには基金への自己の出えん金（自己が出した資金の最高60倍まで融資を受けることが可能）が必要であり、1971（昭和46）年に、金利は0.36％と設定された。伏見ではこれまで5行から受けていた融資をすべてこの信用保証制度に切り替えた（伏見酒造業者の出えん金平均値約99万円、最大値　約1,000万円、最小値　約7万円）。これにより原料米調達のための融資という組合の最も重要な役割が、日本酒造組合中央会へ移行され、組合による連帯保証は行なわれなくなった（組合による転貸方式から日本酒造組合中央会による直貸方式への転換が政府から指導された）。

5　自由競争における秩序維持のための協調の必然性

5.1　政府と自治体の政策矛盾による秩序維持

　清酒製造業は国の管理下に置かれて発展してきた経緯があるが、政府と業者の構図だけでなく、業者間の競争により無秩序状態に陥らないために国が調整役になることもあった。これは酒造業だけでなく、昭和・平成の上級官僚調査でも行政の役割として利益団体間の調整役を行なうことが重要な役割の一つとしてあげられていることからもわかる（藤本　2007）。1871（明治4）年に造酒株制度が廃止され、免許税と醸造税を支払うことで「商業は勝手次第」となったが、摂泉十二郷は利害の対立で総崩れとなり、灘五郷も申し合わせを守らない業者が多発している。そのため、農商務省（現・農林水産省、経済産業省）の布達を受けて、「同業の福利を増進し、弊害を矯正すること」を目的に1886（明治19）年、摂津灘酒造組合が設立された（西宮酒造株式会社　1889：11-

12)｡

　一方､伏見では政府は規制緩和を行なったが､京都府が無秩序状態になることを案じ､税の算定目的ということで組合設置を命じた｡このことにより実質的には完全自由化の状態にはならず､1876 (明治8) 年には伏見酒造家集会所が設立された (伏見酒造組合の原形)｡酒造家集会所はいくつかの段階を経て､1891 (明治23) 年には京都府紀伊郡酒造組合となり､｢粗製濫造や投げ売りを阻止し､代金不払いの業者を排除し､不良な雇人を取り締まるほか､販売価格や雇人の給料を協定した｣ (伏見酒造組合 2001 : 56)｡この時､府県などの自治体は酒造組合の規則にも介入して指導を行なっているが､大阪では雇人給与の協定や販売価格の協定など自由経済の原則に反するような協調行動を強いるような条文は削除されていた｡それに対して京都府は伏見酒造業に秩序を重んじて協調することを求めた｡果たして伏見酒造業は自由競争下で京都府に規制されたため､不自由な状態ではあったが､伊丹､灘のような無秩序状態にならずに済んだ｡このことから当時の立ち上げ間もない明治政府に対して京都府が独自の条例で現場を取り仕切る力が大きかったことがうかがえる｡そして京都府が税収維持のためにとった行動は､伏見酒造業が無秩序状態に陥ることを回避させ､次への展開を行ないやすくしたといえよう｡

5.2　伏見酒造組合の発足

　このような状況の中､社会は自由経済になり市場が拡大し､鉄道の整備が行なわれたため､1877 (明治10) 年に伏見の酒造家たちは､かつて販路拡大に苦慮した東京へ再度挑戦した｡しかし自由経済になっても東京の問屋はそれまでの取引慣習に従い､灘酒を重宝し､伏見酒を受け入れようとしなかった｡したがって新制度になっても前制度の慣性が続き､規制緩和後の新制度下で急激に伏見酒に有利な状況になったわけではなかった｡東京市場を開拓しようと試みた酒造家たちは､これまでの問屋､消費者の酒における序列意識を変えるには､技術革新､品質向上と共に､｢伏見ブランド｣のイメージアップを図ることの重要性を痛感した｡このことは個々の業者の技術的な向上を目指す努力だけでなく､｢不良酒を造る業者や脱税して世間の批判を浴びるような業者を

出さないようにしなければならない」（伏見酒造組合 2001：53）と、伏見酒造業界全体で取り組むべき事案と認識された。これにより組合における協同体制への理解、必然性が高まったのである。

伏見酒造組合（前身も含め）は発足以来、度々の法律改正により変遷しており、1953（昭和 28）年に現在の形となった。当地の酒造家たちには、政策に対する陳情や困難の改善提案が個別の酒造家の利益追求では聞き入れられにくいが、全体の総意として団結することで聞き入れられやすいことが経験として共有されてきた。組合の目的は「組合は組合員の緊密なる連絡、親和と相互扶助の精神に基づき酒税の円滑な納税を促進し、酒類業の健全な進歩発展のために必要なる酒類の需給調整を行ない、組合員の自主的かつ自由公正な事業活動の機会を確保し、もって酒税保全に協力し、共同の利益の増進を図ること」とされた（伏見酒造組合 2001：113）。この時期、奈良、和歌山、京都市内洛中の酒造家も新しい組合員として加わり、昭和中期にも多様な人々の流入が見られる。

御香宮神社内の松尾社に新酒祈願をする酒造家（2009）
提供：伏見酒造組合

それでも全国的に酒造業界には、多くの収益を得ようと粗製濫造する者が、良質の材料で造る者の市場を圧迫し、また多くの商品を販売するために販売業者への過剰サービスで公正な状態を崩壊させる者がいた。たとえば 1955（昭和 30）年に蒸留酒、雑酒、ビールなどの値引き、割戻しが行なわれ、競争が激化したことがあった。これに対して国税庁から指導が行なわれ、1959（昭和 34）年に「酒税の保全」と自由競争のバランスを保つために、「正常取引」と「取引条件」が設定され、販売業者へのリベート合戦、現物の寄付の横行が沈静化したということがある（西宮酒造株式会社 1989；伏見酒造組合 2001）。

先の例や上記の例から、業界内の秩序は政府側にとっても、酒造業者自身にとっても重要な事案であったことがうかがえる。

6 共用財の危機に対する集団抗議のための協調の必然性

6.1 陸軍との戦い

　京都の伏流水は、伏見の酒造りにおける最重要要素であり、伏見酒造業のすべての酒造家にとっての共用財でもある。酒税が国税の重要な要素であったことはこれまでにも述べてきたが、それを象徴するような事例がある。酒造りに重要な共用財としての伏見の水を守るために、酒造家が一致団結して、軍の方針を変更させたことがある。以下の例では酒造りに対する障害に関して、酒造業界は民間企業集団ながら、政府や軍に対しても強く訴える力をもっていたことがうかがえる。

　昭和初頭、京都で行なわれる昭和天皇の即位の大礼（1928（昭和3）年）の準備のため、奈良電鉄（現・近鉄奈良線）は京都・奈良間の輸送量向上を目的として、桃山の陸軍練兵場を横断する線路の敷設を企画した。しかし陸軍が用地の譲渡に難色を示したため、電鉄会社はこれを地下鉄にする計画を立てた。この情報を知った伏見酒造組合は、京都帝国大学の松原厚教授に依頼し、地下水の流動方向と水質調査を依頼した。その結果、電鉄の地下鉄工事は水脈を断ち、醸造用水に深刻な影響があると結論づけられた。組合は一致団結して、京都府知事、電鉄会社専務取締役、大蔵省、鉄道省（現・国土交通省）に働きかけ、水源に大きく影響を与え、酒造業の衰退を招く可能性がある工事の阻止に動いた。果たして陸軍は高架式の用地譲渡を認め、電鉄会社も地下鉄工事を放棄した。

　これは組合員の熱心な働きかけが実った結果であるが、同じ公的機関でも税収を確保したい大蔵省や京都府などが陸軍から伏見酒造業を援護するほど、国税として酒税が大きく貢献していたことを物語る事例である。このような共用財の危機的状況という事態に伏見酒造組合は結束を強めた。その他にも鉄道駅に関する運送条件の悪化の改善など、全体の総意として動くことで社会的影響

が見込める問題に関して、酒造家の協調体制が強化された。

6.2 水質維持活動と伏見醸友会

　醸造技術、水質は酒造業に関わる人々にとって重大なことであり、伊丹、灘などの摂泉十二郷として地位を確立していた酒造地に対して後発であった伏見酒造業が生き残る上で、いち早く品質向上に務めることは、最重要課題であった。その中で1913（大正2）年に伏見酒造組合では先端的な研究を行なう醸造学を学んだ技師たちによる発酵技術の研究会「伏見醸友会」が設立された。これは研究成果を組合員の企業すべてに共有することを目的とした共同研究機関であり、技師が中心となって毎月1回集会を行ない、組合員の課題や不安の解決に努めた。また技師だけの集まりではなく、杜氏を対象とした技術講話会や米質、水質検査の結果、気候などの醸造条件の研究結果の公表、最適な醸造法

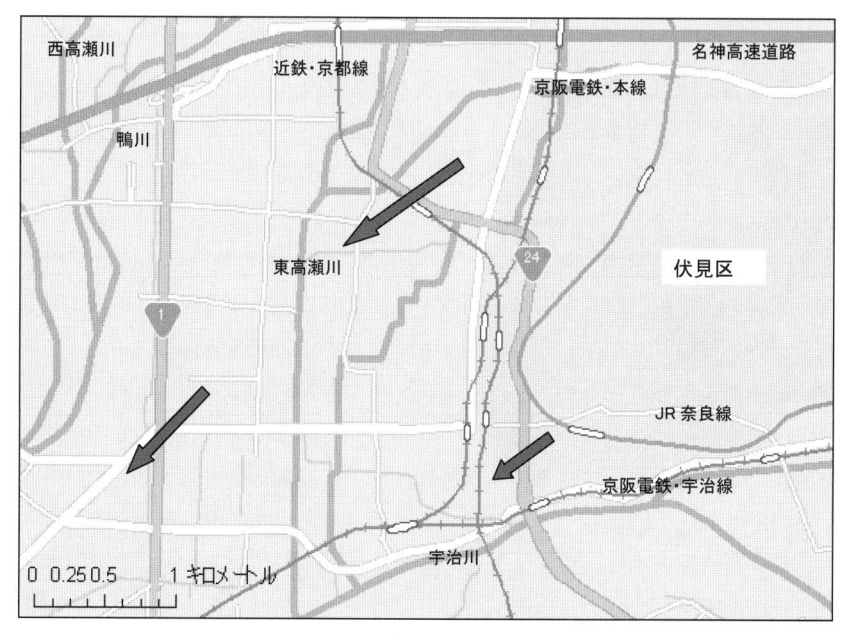

図5-4　伏見の地下水流図
伏見酒造組合「伏見地区・地下水調査委員会」の1961年の調査結果に基づき作成された図から再現（矢印は地下水系）

の指導、利き酒会の開催、他産地の仕込み状況の視察、京都醸友会との共同研究会の開催、他産業の工場見学など、組合ぐるみで品質向上に取り組んでおり、伏見酒全体のレベル向上のために、伏見醸友会を通じて協調行動が取られている。

戦後、伏見には住宅や工場が増えたため井戸が減水した。それに対して伏見醸友会は、1960（昭和35）年に京都学芸大学（現・京都教育大学）の川端博助教授と共に地下水研究委員会を組織し、水質保全のための調査を行なった[12]。その後も伏見醸友会は、水質保全が重要な使命の一つとして、京都市の基本計画の高速道路建設、伏見地域への高層ビルの基礎工事など、地下掘削工事により、地下水に影響を及ぼしそうな場合には徹底的な調査と説明を求め、伏見酒造業の生命線ともいえる水質維持に努めている。

7 必然性の潜在的順機能

伏見酒造業は「伏見酒」のイメージアップのため、品質向上や社会から批判を浴びるような行為をする組合員企業が出ないよう、また政策からの規制などに対抗するために全体で協調路線をとった。業界の縮図といわれるほど、大中小の企業が入り交じり、酒造家の出身地も、それぞれのこだわりも異なる中、彼らに与えられた試練を乗り越えるために、伏見酒造組合の総意として行なわれた数々の仕事は、結果として多様性の高い集団に秩序をもたらし、より協調的な行動を促進した。伏見酒造業を苦しめたさまざまな事象は彼らにとって潜在的順機能となっていたのである。現在、自主流通米制度が廃止され、さらに自由化が高まり、最大の業務であった共同での原料米の買い付けは最低限の酒造好適米のみとなり、伏見酒造組合を通した方が有利に働く、あるいは不利を回避しやすいという役割の重みが減少しつつある。協調の必然性が弱まることで、酒造家たちは自由に行動を起こしやすくなるが、伏見酒造業の協調体制は弱くなるかもしれない。

しかし清酒消費量激減の折、他の酒類がライバルであり、伏見には酒文化を絶やさないという最も重い必然性が突きつけられている現状もある。清酒消費

量が減少し始めて以来、若い酒造家たちによる酒文化の広報や女性の消費者層の開拓など、この重大な危機に向けて協調体制が組まれている。『伏見酒造組合一二五年史』のエピローグでは、酒造家たち自ら、結束の必然性の低下に危機感を抱き、より結束を強め、酒文化の発展に寄与する必要性を訴えている。

　戦後、大衆酒は清酒からビールへと移行し、ビールも酒税の影響で発泡酒、第3のビールへと移行しながら苦労しており、また清酒を抑えて人気を博した焼酎でさえも、近年の若い世代のアルコール離れにより、全体の消費量の伸び悩みに苦慮している。清酒の酒造技術は世界でも類い稀なる並行複発酵という技術で造られるが、消費量減少によって、技術的、文化的価値をもつ清酒製造の存続が危惧されている。

　全国の酒造業者および関連業者が危機感を募らせ、さまざまな活動を行なっており、農業家、酒販店、飲食店、流通業者、酒造家、酒造技術者が一丸となって、酒文化の普及に取り組んでいる。また酒造技術者たちも自社だけでなく、伏見酒全体が紹介されたり、評価されることを喜び、清酒そのものが世の多くの人々に愛されることを願う者が多い（第6章にて詳述）。

伏見酒造組合加盟各社による清酒を楽しむ会「フシミサケゾーズバー」
（2009年9月〜10月）
出所：伏見酒造組合

現在、清酒の消費量は国内では減少傾向にあるが、海外での消費量は年々増加している。伏見酒造業でも海外に工場をもつ企業や、日本から輸出して現地の流通業者と連携している企業が多い。大企業だけでなく中小企業でも海外での支持者への輸出、販路拡大への期待は大きく、国内の消費量減少の危機感が彼らをそれぞれ次の時代への展開へと駆り立てている。そして伏見の酒造家らは伏見の利益だけでなく、日本酒造組合中央会の諸委員会の委員、委員長を務め、清酒業界全体の発展にも寄与している。

8　まとめ

これまで述べてきたように、伏見酒造業の酒造家集団のような規範的同調圧力が弱い集団には、次のような重要な課題解決のために、情報取得、協調行動を取る必然性があった。それは(1)原料米、労働者確保への奔走という他地域以上に困難であった苦労のために、コスト削減、情報収集を行なう必然性、(2)国による規制、税制の厳しさに事業存続をかけて対抗する上で集団力を高める必然性、(3)国の支援を享受する上で伏見酒造組合の総意として一致度を高める必然性、(4)自由競争による無秩序状態での品質低下防止、業者間のモラル維持、過当競争による自滅防止に向けての啓蒙活動の必然性、(5)伏見にとって最も重要な要素である水という共用財の危機救済への迅速な対応の必然性から協調を行なってきた。

これらの事例からは、伏見酒造組合が酒造家らの共通の目的を達成するための統合機関であると同時に、政府が強制的に酒造業を統制する際のインターフェースとして機能してきたことがわかる。これは本章の冒頭で多様な住民の仲裁機関として例にあげた統合的組織とは意味が異なり、酒造家らにとって中心的というより、あくまでも彼らの目的を達成するために利用された組織である。しかし多様な集団における協調行動を起こす場として機能していたことは間違いない。

具体的には酒造家たちはそれぞれ組合の役員、労務委員、原料米委員など全体のために外部団体と交渉を行ない、全国各地に奔走し、酒税や原料米購入費

に掛かる嘆願を行ない、共用財の維持[13]、労務管理のための大学への研究依頼および出資など、協調行動をとることで、各自のメリット、困難からの回避につなげている。また、この酒造家の行動からは醸造技術だけでなく、労務管理、地質調査など、さまざまな場面で酒造家にとって大学の存在が身近であったこと、そして資産家の酒造家といえども、就業者確保に奔走しなければならず、季節労働者が一方的に労働を搾取されるような構図にはなかったこと、これらの苦慮する事態に組合で共同し、業務の分担を行なうことが、それぞれの酒造家のメリットにつながったことがわかる。

　経済的な自立性から、独自で進取的な行動をとる酒造家たちであるが、自社のためだけでなく全体で取り組む必然性の高い、それも切実で深刻な問題の存在によって彼らの秩序が保たれていたことがわかる。独自の価値観、行動力をもつ酒造家たちであるが、戦時中の強制合併や基本石数剥奪など、さまざまな葛藤を経験しており、酒造業を営み続けるために集団で協調しなければ乗り越えられないほど重要な事態に同調行動を取ることもあった。したがって規範的同調圧力が弱い集団の秩序は、協調すべき深刻で重要な事態の存在により、維持されてきたといえよう。

注
1　本章は藤本・河口（2009a）をリライトしたものである。
2　伏見酒造業では全国清酒業界の製成数量トップ10に月桂冠、宝酒造、黄桜が入っている。黄桜は従業員が276名（2009年6月、同社HPより）であり、中小企業法の規定に従うなら中小企業であるが、清酒業界で100名を越える規模の酒造業者は非常に少ないため、本稿では黄桜を大手業者という扱いをしている。
3　このような状況の中、たとえば戦時中には軍事物資を運ぶべき鉄道で関西から関東へ酒を輸送することが非合理的であるとされ、貴重な基本石数のうちの数パーセントを伏見酒造業者から関東の酒造業者に強制的に移行させられ、原料米の購入権も削減させられている。月桂冠株式会社元副社長　栗山一秀氏へのインタビュー（2009年7月）
4　1968（昭和44）年の大学初任給が約30,000円である（2007年賃金構造基本調査　時系列データより）。
5　非常に厳しい労働を強いられる杜氏・蔵人であるが、その技術には高額の給与が支払われている。出稼ぎに出なければならないほど、地元の閑散期での生活が厳しい地方に杜氏・蔵人集団が多いといわれ、それだけに酒造技術に対して信頼を獲得して次年度も雇用されることは大変重要である。そのため、杜氏が負っている責任は、高額な原料米を腐敗させてはならないということだけではなく、引き連れている蔵人集団の生活への責任も大きい。そのため蔵人の生活を維持させられる杜氏への尊敬は大きく、その功績を称えるために、杜氏の中には生前に顕彰碑が建っている村もあった。

6 　伏見酒造組合元理事長　北川榮三氏へのインタビュー（2005 年 6 月）
7 　酒税は製成数量に課税されていた時代、製成数量を過小申告し、違法ルートで販売して収入を得る業者が発生したこともあったという。そのような業者がいたため、税務署の検査はより性悪説に基づいたものとなり、販売数量に課税されるようになっても、ある酒造業者は、ホーロータンクに穴が空き、タンク 1 本分が土間に流れてしまった際、製成数量をごまかしたと疑われ、土を調べて身の潔白を証明したこともあるという。税務署の検査官の権力は非常に大きなものとなり、殿様と家来のような圧力関係にあったという。
8 　栗山氏へのインタビュー（2009 年 7 月）
9 　栗山氏へのインタビュー（2009 年 7 月）
10 　伏見酒造組合元常務理事　西川和男氏へのインタビュー（2009 年 7 月）
11 　北川氏へのインタビュー（2006 年 3 月）
12 　この時、組合は総額 46 万円の費用を負担している。大卒男子の初任給が 1960（昭和 35）年当時で 16,115 円、2008（平成 20）年度で 201,300 円であるため、調査費用は、現在の 500 万円以上であったと考えられる。
13 　共用財の維持、制度については『比較制度分析に向けて』に詳しい（青木 2001）。

第6章
酒造技術者の職業人性と地域技術者ネットワーク[1]

1 「第4の仮説」 酒造技術者の気質と情報共有規範

1.1 酒造技術者を取り巻く社会的環境

　伏見の酒造家たちの進取性と秩序について第4章、第5章で検討してきた。伏見酒造業の展開において、酒造家たちの行動と意思決定が重要な役割を果たしてきたことは間違いない。しかし、たとえ酒造家が進取的な経営を行なっても酒造技術が伴わなければ、伏見酒造業の発展はありえなかっただろう。酒造技術に着目すると、地元に杜氏がいなかった伏見には、複数の流派[2]の杜氏が出稼ぎに訪れ、多様な技術が狭い地域に集結していた。杜氏たちはその出来栄えを比較されるという競争的環境の中、ライバルとして凌ぎを削って品質向上に努めていた。

　では地元に杜氏もいない、米も十分に収穫できない伏見で、どのような状態で酒造技術が発展してきたのだろうか。酒造りにおける発酵は菌の力によって行なわれるが、現代の科学でも菌のコントロールは道半ばといわれ、解明できていないことの方が多い。バイオ研究が進んだ現在でも、毎年変化する諸条件を安定的な状態になるようにすべてをコントロールすることは、大変難しい技術だといわれる。そのため、今でも高齢の杜氏の長年の勘が第一線で通用し、コンピュータを使う酒造技術者も、触感の方がセンサーより速いと自身の感覚を重視する時もある。つまり彼らは長年の職人の勘という定性的な情報、あるいは高度な定量的なデータを用いて複雑な多変量解析を行なっているのである。酒造技術のレベルの指標として、全国新酒鑑評会での審査があり、そこでの金賞獲得は、技術者の励みになる。そして金賞は大企業の近代的な科学技術

によって造られたものだけでなく、中小企業の杜氏・蔵人によって造られたものにも与えられ、ハイテクと人間の勘で造られたものが肩を並べており、その技術の複雑さがうかがえる。人間が菌をコントロールできない限り、発酵技術は人間を悩ませ、そこに職人技が光るのである。

 そして、それを評価する顧客も絶対的な違いを厳密に弁別することが困難である。また他の酒との相対的な違いや酒に関する評判、瓶、商品のキャッチコピーに影響を受けながら観念的に酒を楽しむことが多いため、酒に対する評価も十人十色である。したがって、造る側も複雑であるが、顧客の嗜好も複雑であるため、万人に受け入れられやすいものから、特定の好みをもつ顧客に支持されるものまで多様な酒が造られる。

 このような複雑な状況の中、酒造技術者を取り巻く社会的環境はどのようなものだろうか。より顧客に支持される酒を造るためには、単純に酒造りの工程だけでなく、腐敗させない技術、より理想の酒に近づける技術、流行の味への転換、安定的によい状態で生産する技術などさまざまな知恵と技術が必要である。これらを一人の技術者が身につけることは一朝一夕には困難であり、経験が必要である。このような中、すでに多くの経験をもつ先輩技術者や他地域での酒造技術情報は非常に貴重なものである。しかし、技術の世界でベテラン技術者のもつ知識や技能は、自身の優位性を維持するのに重要なノウハウであり、容易に共有されるものではない。にもかかわらず、伏見酒造業の中では、技術者の情報交流の場がフォーマルにもインフォーマルにも存在し、彼らの技術向上のための情報取得欲求は強い。

 第3章で述べたように伏見には全国各地から杜氏が集められた経緯があり、それは伏見の技術発達に大きく寄与したことが予測される。なぜならば地元密着型の杜氏間での同じ製造方法の踏襲のための情報共有も技術の継承には有効であろうが、多様な知識と技能が集結する地域では、それぞれの地域の技術情報が共有され、最も安定的に造ることができるよい方法を取捨選択して取り入れられる有効性が見込めるからである。つまり、伏見酒造業の技術の発達には、多様な地域から杜氏が集結する地域ならこその多様な技術の情報交換が実現され、それが伏見の技術を高めていったと考えられるのである。

昔から酒造技術は微妙なタイミングの違いから状態が大きく変わるため、各工程の見極めが非常に難しいといわれる。そのためライバル同士でも、杜氏が主流で造っていた時代から杜氏組合などで酒造技術の情報交換が行なわれ（安高 2007）、また個人間でも造りの場で急な事態が起こった場合、信頼関係のある者同士で支援を行なったという[3]。現在、杜氏・蔵人が激減し、社員である酒造技術者や酒造家自らが、数十年も修行に時間を掛ける間もなく、酒造りを行なっている。酒造技術者は、機械化だけでは補えない部分に苦慮しながら、経験豊富な杜氏が組合で交換していた情報以上に、造りの詳細な情報を必要としている。伏見でも各社の酒造技術者は、いよいよ杜氏なしの時代の到来に危機感を強め、フォーマル、インフォーマルな技術者の集いで酒造技術に関する情報交換を頻繁に行なっている。

これらの技術情報共有という行動は、工業などの製造業では「知的財産」に関わる情報を無償提供することに等しく、一見不思議な行為に思える。自社の優位性を保つ上で重要なノウハウを同業他社に開示するというオープンマインドな行為は、非常に珍しいことといえよう。

では、なぜ彼らが技術者にとって重要な情報を共有するのだろうか。われわれは本章において、この問いを明らかにするために、彼らが置かれた社会的環境に着目し、酒造技術者たちの世界で展開される酒造りの現実と彼らの就業観を分析する。

1.2 社会的環境に関する分析枠組み

以下では、酒造技術者の情報共有行動について、彼らを取り巻く社会的環境を分析するための枠組みとして、(1)情報を共有する必然性が高まる事態、(2)技術情報の流動性と社会構造、(3)技術者の同業者集団への準拠性、という3つの観点から検討する。

1.2.1 援助事態の性質

ソーシャル・サポートの一つに「情報の提供」がある（浦 1992）。酒造現場で、他の技術者への情報提供という「援助行動」は、なぜ起こるのだろうか。

援助行動が起こる要因についての知見は多々あるが、ここでは援助が発生する事態に着目する。情報提供を行なって相互に助け合おうという気持ちになるほど酒造りの現場に重圧と緊張があり、同業者が緊迫して困っている状況にある場合、援助行動が起こりやすいのではないだろうか。そのような相手から援助要請があれば、「社会的責任性の規範」（人は相手が助けを求めてきた時、助けなければならないと感じる）により、援助行動を行なうだろう。また、このような緊張する場面を経験した者同士の共感度は高いだろう。そこで1つめの視点として、援助者・被援助者にこれらの心理状態が起こりうる「援助事態の性質」に着目し、情報共有の必然性について経済的側面、技術的側面、制度的側面から検討を行なう。

1.2.2　社会構造の開放性

技術者が転職すると、彼らがもつ技術情報は社外に流出するため、他社への移動可能性の有無は、製造技術の囲い込みが起こるか否かに影響を与えると予測される。言い換えれば、開放的な社会構造の中にいる専門的職業従事者は、情報共有に対してオープンマインドな姿勢を示すと考えられる。そこで2つめの視点として、彼らの移動可能性について分析を行なう。

1.2.3　酒造技術者の職業人志向と地域ネットワーク

専門的職業従事者の所属組織への態度は、社会構造が開放的であるかどうかに影響を受ける（藤本 2005）。酒造技術者の職業人志向（職業へ強く関与する姿勢）が強い場合、専門的職業従事者の特性として会社より同業者集団への準拠が予測される。全国レベル、地域レベルで技術者の集団（杜氏組合や新酒鑑評会での技術者交流）があるが、伏見のように狭い地域に大勢の人々が住む都市部では、比較的手軽に同業者との交流ができるため、組織を越えて同業者が集まりやすい。技術情報の交流会へ参加しやすい環境は、技術者にとっても魅力的だろう。そこで3つめの視点として、職業人志向[4]と技術者ネットワークとの関わりから、情報共有行動について分析を行なう。以下、これらをまとめた第4の仮説を提示する。

【第4の仮説】
　伏見酒造業の技術の発達を支える酒造技術者の情報共有行動は、彼らを取り巻く社会的環境の影響を受けている

2　多様な構成員による技術交流環境

2.1　酒造業に関わる人々の役割と関係性
　ここでは社員として雇用されている技術者の説明を行なう。「技師」は醸造学や生物学を大学・大学院で修めた研究職を指し、酵母や水質などの研究を旨とするが、中小企業の場合、酵母は公設試験所（伏見の場合は京都市産業技術研究所工業技術センターが該当。以後、「公設試」と表示）から提供を受けることが多く、杜氏・蔵人の行なってきた酒造りを担う「酒造技術者」を指す。「製造部長」は酒造技術者のリーダーであり、社員だけで造る企業では社内杜氏として酒造りの総責任者を務める。現在は(1)杜氏・蔵人のみ、(2)杜氏・蔵人・社員の酒造技術者、(3)社員の酒造技術者のみ、(4)社員の酒造技術者・蔵人、(5)酒造家兼杜氏の5パターンで酒造りに従事する企業が併存している。

2.2　伏見における技術交流状況
　伏見の杜氏は、全国的に珍しく出稼ぎ先で組合を組織しており、多様な杜氏が大勢集まる地域ならではの交流の場をもっていた（伏見酒造杜氏組合は2006（平成18）年3月に解散）。伏見酒造杜氏組合は主に酒造家で組織する伏見酒造組合との賃金、労務管理、福利厚生に関する交渉や杜氏同士の毎月の親睦・技術情報交換の場として機能する。一方、酒造技術者同士の公式な交流会は、公設試主催の勉強会が年に2回程度、伏見醸友会という公式な勉強会では見学会が春と秋、利き酒会、新年会、（異業種への）見学会、講演会（大手の技術者が講師）など頻繁に開催されている。毎年、伏見醸友会は伏見酒造組合で購入している米質の分析、水質検査などを行なっている。有志の会も年に5回程度開催され、伏見醸友会よりもインフォーマルな会であるため、気軽にその年の米の状態や醸造に関する質問が行なえるという。さらに伏見内の酒造技

116　第6章　酒造技術者の職業人性と地域技術者ネットワーク

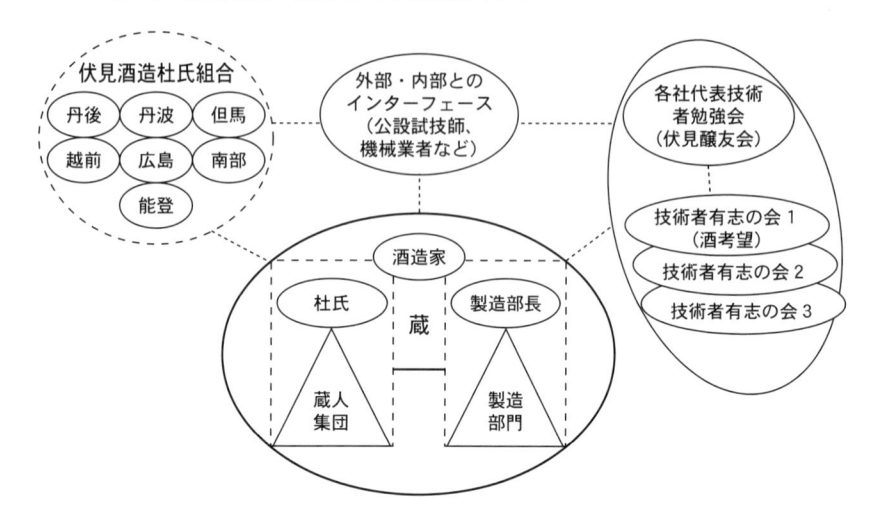

図6-1　伏見の酒造技術者のコミュニケーションの構造

術者は、鑑評会でも会うため、頻繁に交流機会がある。また公設試の技師や機械業者などが、各蔵、杜氏組合、公式勉強会、有志の会それぞれに関わり、伏見内の情報共有、全国の他の酒造業者の情報共有や相互見学の仲介、転職者の一時受け皿になるなど、インターフェースとして機能している。図6-1にこれらの構造を示す。

2.3　現在の若手・中堅技師と杜氏

　名杜氏を輩出してきた南部地方（岩手県花巻市）や新潟地方では、若年層の後継者が非常に少なくなっていることから、酒造りの総合指揮に関する知識、技能を伝えるために杜氏の養成機関を設立している。杜氏育成制度がない伏見では、当地に来ている各地の杜氏たちは次年度に請け負える保証がないという年齢的な限界を感じ始めると、自らそのノウハウを若手技師に踏襲することを厭わない者もあった。昭和後期に社員として雇用された若い技師たちは、杜氏・蔵人のようなチームでの分業体制を熟知しているわけではないため、現場の手順を杜氏・蔵人のそばで酒造技術、運営方法を同時代に学んだ者もいる。現在、中堅技師となったB氏は、杜氏・蔵人と共に過ごした時代を以下のよ

うに振り返る。

　　昭和60（1985）年くらいまでは、まだ職人文化のヒエラルヒーが健在だったため、社員の大卒技師も杜氏の指導の下、修行をしていたんですよ。おやっさん（杜氏の呼称）につけてよかったと思うことは、大学で学んだ教科書には、「こうしたらこうなる」という正解しか書いておらず、「こうしたらだめになる」とは書いていない。自分がやってはいけないことをしたとき、おやっさんにめちゃくちゃ怒られるけど、それを修正していく技を見せてもらった。中小企業は「見て盗め」というのが多い。たとえば、おやっさんがこの温度でやってると言っても、相手が生物やし、どこでどうなるかわからないし、おやっさんもわかってるいうたかって、わかってなかったんちがうかな。

　　私は下積みを経験させてもらったので、（機械の）どこが汚れやすいか知っています。今の若い人が、見た目にはきれいにしてても、汚れやすいところを開けてみると、きれいにできていなかったりするので、「こいつ、わかってないな」と思うことがあります。おやっさんに仕込んでもらえた自分は幸せだったと思います。・・・〈中略〉・・・

　　麹が潰れるとわかっていて機械を使うのは、やっぱりよくないと思って、そこは機械があっても、どんなに重くても手で運ぶんです。掃除をするとわかるんですよ。麹が潰れるのが。それを見るといいものを造るのには、手でやらなあかんと思ってます[5]。

　杜氏・蔵人と同時代を過ごした技師は、酒造りの難しさ、それに取り組む姿勢、本質を見抜く力という暗黙知を受け継いでいる。大企業ではコンピュータで代替できる部分も増えてきているが、酒造業の99.6％が中小企業であることから、酒造りの伝統は現在の中堅技師たちに受け継がれているといえよう。現在、彼らは杜氏を知らない世代に厳しいルールを受け入れさせることが困難だと感じ、今後の技術継承への責任と方法を模索しているという。

3 技術の援助・互助行動としての情報共有

　本節では彼らの援助行動の規定要因として、技術優位性を維持すること以上に「社会的責任性の規範」として、援助要請が深刻なのではないかという仮説から、「事態の性質」に対する分析を行なう。

3.1 技術者の負う高コストへの重責

　酒造りは1シーズンにかかる高額の原料費を、商品売買前に酒造家が全額を引き受けて支払うため、個人自営業的規模の中小企業としてはかなりの巨額を投じなければならない。その費用は酒造家が杜氏も兼ねて一人で行なっている蔵でも1シーズンで数千万円、30人程度の中小企業では原料米だけでも数億円も必要であり（現金決済）、それぞれの時代での価格においても、それに相当する大きな負担があった。その意味で酒造りは、資産家でなければできない事業であり、酒造家は高階層に属する人々といえる。桶（現代ではタンク）1本が出荷できないような場合、非常に高額の損失が一瞬にして酒造家に降りかかることになる。月桂冠元技師の栗山一秀は「酒造りは、腐敗との闘いの歴史だった」と、洗っても洗っても人間の目には見えない桶に残る雑菌にどれほど苦しめられてきたかを語った。その昔は酒造りにかけたコストが回収できないような酒の腐敗に見舞われた場合には、資産家といえども廃業せざるを得ないこともあった。酒造業界には仕込み桶すべてに火落ち菌（酒を腐敗させる悪玉菌）が繁殖してしまい、一瞬にして酒造家に巨額の資産を失わせてしまった責任をとって、杜氏が自ら命を絶ったという話も伝

発酵を手で確かめる杜氏と蔵人
提供：月桂冠株式会社

えられている。その重責に対する杜氏の仕事に臨む姿勢について、月の桂の増田泉彦（現・第14代德兵衞）は次のように語る。

　　その昔、うちの蔵に通っていた杜氏は、歯を歯茎のところまで削って、真っ黒に焼いて、虫歯にならないようにして来ていたと聞いています。発酵具合を夜中にずっと見て回らなければいけない厳しい仕事であるため、虫歯が痛んでは集中して仕事ができぬと、虫歯になる前から歯の処理をして酒造りに臨んだそうです。今では考えられない話ですが、彼らの酒造りに対する真剣さがどれほどのものだったか感じられる話ですね。発酵させすぎや腐敗の始まりは、たった30分の間でたちまち変化して起こる怖いものなのです[6]。

　酒の仕上がりは単年度契約であった杜氏にとって、次年度の雇用に影響する。実際、月桂冠では5流派の杜氏を雇用し、競争的環境に置き、レベルの向上を目指した。そのライバルである同業他社の杜氏に情報を提供するという援助行動は、相手の杜氏もその重責に堪えながら真剣勝負を行なっていることを了解しているためではないだろうか。互いに緊張した事態にある技術者間において、情報の援助要請があれば情報提供が起こりやすいだろう。

3.2　見極めにおける緊張

　バイオテクノロジーが発達した現在でも、菌の特性は完全には解明されておらず、人間は昔から発酵を利用しつつも、そのコントロールに苦しんできた。酒造りにおいても、すべての作業工程での見極めの誤差が積み重なり、仕上げに大きな影響となって現れるため、各工程の担当者は最適な状態で次の工程に移行させるべく、その見極めに神経を注いでいる。酒造りで技術者が苦労することの一つに、酒造条件が一定しないことがある。たとえば、外気温は毎冬同じでなく、米の仕上がりも天候に左右され、前年とまったく同じ状態に仕上がった米はない。

毎年の傾向の差に影響が出るのは米です。溶けやすい、割れやすいなど、傾向が違う。全部が全部同じ米だったらいいが、たとえば、福井県内で集配された「五百万石」が来ても、それが山地で作られたものか、平野で作られたものかわからないし。サンプルが来ても、全部それが来るとは限らないし。また米は水分を測っておかないと水分をたくさん含んだ 10t が来たら、水を買っているようなものだし。干しが足りない米が来たら、損をするので、水分量を量っておくことが重要です。そして、この間、福井の「五百万石」の傾向がわかったと思ったら、今度は富山の「五百万石」、あるいは品種は同じでも全然傾向が違うというのが来る。やっとわかったと思ったら、また一からその傾向を掴まないといけなくて、（目が離せず）苦労するわけです。「あれ？なんかちょっと違うなぁ」と。またもろみの方でかけ米[7]も違うとそれはそれで苦労するわけです[8]。

昔の杜氏は今以上に情報が少ない中、すべて経験と勘でこの作業を行なっていたため、蔵人は夜中に 30 分おきに発酵の状態を見回っていたという。温度管理がある程度可能になった現在は、かつての蔵人たちほど長時間夜回りをしなくてもよくなったが、それでも最も繊細な発酵をする時期には、蔵人が夜を徹して酒の状態を観察している所も多い。

厳密な言い方をすれば、自分でも毎年同じ酒を造れるかといえば、昨年と微妙に違うものしか造れないです。できうる限り品質を安定させることに神経を集中し、見極めが必要な各工程の重要な場所では、常に緊張し、その判断のタイミングは、実行するぎりぎりまで考え続けています。いろいろな条件について考え、これで行こうと結論を出しても、やっぱりこっちの方がいいかもしれないと、最善を考えて悩みます。自分の手前の工程を担当している技師も、やはり米の違いによって浸漬時間を変えなければならないので、作業直前までウン、ウン唸っていますよ[9]。

大吟醸純米酒などの特定名称酒は、高級な酒造好適米を使用しているため、

判断するタイミングを見誤ると、その後の酒造工程にも影響し、最悪の場合、高級素材を使っているにもかかわらず、安価な酒と変わらない仕上がりになってしまうこともある。高級な山田錦は腕のよし悪しがはっきり表われる難易度の高い酒造好適米である。このような状況の中、酒造技術者は、資本を投じている酒造家に莫大な損失をさせてしまうかもしれないという緊張と重責を負いながら、酒造りを行なっているのである。そして、彼らのこの作業は、酒造技術者にとって、経済的責任だけでなく、技術者としての評価に直接反映されることを意味する。彼らは合同きき酒会で、他の技術者の前に出して恥しくないような酒造りに心血を注ぐという。

3.3 杜氏と技師のコンフリクト

　発酵技術に関する情報は酒造技術者にとって、非常に重要であり、酒造りは真剣勝負そのものであった。そのため、先端科学技術の導入や製造工程の機械化・自動化の取り組みは、酒造家だけでなく、国税を徴収したい国にとっても重要な施策であった。明治期に帝国大学出身のエリート層が酒造家の下に派遣されていることから、国が酒造業に力を入れてきたことがわかる（酒造家

科学的知識を備えた技師
提供：月桂冠株式会社

酵母菌
提供：月桂冠株式会社

は高所得者層であるため、高額な報酬を支払うことができる）。しかし、従来の酒造りの担い手である杜氏・蔵人は、自身の勘や技能が、科学や工学で代替不可能であることに自負をもつとともに、職域を侵害されるという危機感を抱き、近代化に反発した。国は当時、尋常小学校卒業の人々が多かった時代に高学歴者を酒蔵に送り込み、科学的管理を行ない、より安定的に酒造りを行なえるようにして、国税の安定的徴収を目指した。国の方針は、現場における長年の修行と経験の中で酒造りを委託されてきた杜氏の「経験知」と、技師の先端的な「科学的知識」のコンフリクトを生んだ。その事例として、月桂冠の酒造現場では、明治末期に最初の醸造技師を招聘して以降、長きにわたり技師と杜氏・蔵人の間の職域分離が続いた。酵母を研究する技師は、科学的技術を酒造りの現場に導入し、少しでも酒造りの発展に寄与することを動機づけられる。しかし、菌はコントロールが難しく、必ずしも技師が知る科学的な知識だけで酒造りのトラブルを解決できるわけではない。そして酒造りにかかる費用は、杜氏個人で弁済できるような額ではない上に、新しい知識や技術への移行は、その影響が予期せぬことへと広がる恐れがあり、簡単には試せない。たとえ小さな容器でテストされたものでも、大きな桶では思いも寄らぬ結果となる。酵母を新しいものに変えることで、部分最適化は達成されるが、それに伴って全体を最適化するための見極めのタイミングをすべて変更しなければならない。杜氏と技師には現場における勘と科学的知識のせめぎ合いとして1950（昭和25）年頃のケースであるが、杜氏の酒造りに対する緊張をうかがえるものがある。当時、京都大学で醸造学を修め、技師として雇用された栗山は次のように述懐する。

3.3.1 技師と杜氏の関係

　私は技師ですから形式上は入社してすぐに杜氏の上の立場になり、昨日大学を出たばかりにもかかわらず、私の父親ぐらいの年齢の杜氏からいきなり「先生」と呼ばれました。決して悪い気はしないが、何の権限もない。こういうことをやってみたいと杜氏に頼むと、「やっぱり大学を出た人は違いますなぁ、よいことを考えますなぁ」と褒めてくれるのです。褒めてくれるから、協力してくれるのかと思ったら何もしてくれない。それで「先週言ったことはどうなっています？」と聞くと、杜氏は「あれはよい考えですよ。だけど、なんで私がしなければならないの？」と言う。私が「いやなら、僕にやらせてください」と言うと、向こうは「それはあきません。この蔵は私が責任をもっている。私が責任者。親主人から米をいただいて、それを酒にして返すのが私の役目。それに口を出してもらったら困る」と言うのです。私が「だったら、(桶)一本だけやらせてもらえませんか？」と言っても、杜氏は「あかん」と聞く耳なし。何度もそういう経験をして、杜氏と技師の関係が、どういうものなのかわかり始めました。こういう経験をするのは私が初めてではなく、あるとき、二人の先輩技師に聞いたら、「昔からそういうものだ」と言う。私が「それだと新しいことができないじゃないですか？」と言うと、先輩技師は「そうだ」という。「それでもとにかくやりたい」と言うと、先輩技師に「やめとけ」とたしなめられました。

3.3.2 新酵母の試行

　ある越前杜氏は、私が「これからは新しい酵母を使っていろんな酒を造ってゆくべきだ」と話したときには、大いに賛成してくれたが、その後はまったく協力してくれない。ついにしびれを切らした私は、副官の頭（かしら）と相談し、「桶の1本くらいならいいだろう」と、杜氏には内緒で1本に新しい酵母を入れました。新しい酵母に変えると、もろみの泡の出方が違ったんですね。毎日1本ずつ仕込むのですが、この桶だけ素人でもわかるぐらいに泡が勢いよく出てくる。仕込んで5日目くらいになったら、おやっ

さん（杜氏）も気が付いて怒り出しました。その時、独身寮におった私も真夜中に叩き起こされて、頭が「なんとしても栗山先生に謝ってもらわないかん」と言ってきたので、「あんた白状したの？」と言ったら、「あれだけもろみが違ってきたら、黙ってられない」と言われました。それで、必死になって頭と一緒に謝ったけれど、なかなか許してもらえず、とうとう夜が明けました。そのうち、杜氏が「栗山先生も若いし、わしもちょっと大人気なかった」と言い出してくれて、私が「この1本だけはなんとか目をつぶってください」と懇願したところ、杜氏は「ああ、目をつぶろう。このもろみがどうなろうとわしの責任ではない」と言いました。私が勝手なことをしたんだから、私が責任をもてということになったんですね。

3.3.3 杜氏からの承認

　それから20日ほど経つと、もろみを酒槽[10]でしぼることになりました。酒になる日、私も槽場へ飛んでいきました。おやっさんはもう先に槽場へ来ていました。杜氏が「先生、あの酵母はまだありますか」と言うので、私は「酵母というのは、種さえあれば培養したらいくらでも増えます」と言ったところ、「もっと培養してください。この酒を飲んでみてください。よい酒です」と。私が「おやっさん、言うことが違ってきましたね」と言うと、杜氏は「いやいや、あのときはああ言った。しかし、実際にもろみをしぼってみたら、こんなによかった。だから、わしも考え方を変えた。あとの仕込みは全部先生の酵母でいきましょう。先生、今から実験室に行って、早いことあの酵母をつくってください」と言いました。本当に思いもかけない嬉しい展開になったのです[11]。

　重責の中で安定的な品質を要求される杜氏にとって、変化を与える要素は大変なリスクとなる。酒造りを習熟していない新卒の技師を前に杜氏が不信感をもったのも無理はない。杜氏にとって常によい酒を造り、酒造家から高く評価されることは重要であり、そのために酵母は非常に重要な要素であった。かくして醸造学を修めた技師は、杜氏に承認され、酒造り請負集団である杜氏・蔵

人によい働きをする者として認められるようになったのである[12]。

3.4　成功技術の渇望

　当時の杜氏の権限と責任の大きさからすると、非常に無謀な行動ともとれる栗山の大胆な試みは、それまでの杜氏の「常識」を覆した。しかし、杜氏も反発するよりも、すぐにその酵母を採用するという柔軟性があり、個人のプライド以上に、酒造りでよい品質に仕上げたいという技術者としてのプライドがうかがえる。そして、酒造りに苦慮する大勢の杜氏たちは、この良質の酵母の噂を聞きつけ、その共有を求めた。栗山は、その時の様子を以下のように語る。

　　月桂冠の蔵は、その越前杜氏の蔵だけではなかったから、私の酵母の噂はぱっと広まりました。他にも広島杜氏や丹波杜氏がいたので、さっそく丹波杜氏からお呼びがかかりました。「栗山さん、何をしてくれた？　もし一番初めにわしのところへ頼みに来ていたら、わしならちゃんとしましたよ。あんな親父（越前杜氏）に頼むから栗山先生が畳に手をついて謝らなければならないことになったんや」と言う。「噂では、（越前杜氏の蔵では）これからあとの仕込みをその酵母にするという話ではないですか？　それは困る。なんであの蔵だけええ酵母を使うの？　うちもそれにしてもらいたい」と言う。広島杜氏もやはり同じことを言う。そんなことがあって、この若造もいきなり本当の「先生」になったんです。そして、杜氏と技師の関係もすっかり逆転したわけです[13]。

　この栗山と杜氏に形成された信頼関係は、翌年から開発された近代的醸造設備構築に杜氏の協力を得ることへとつながり、四季醸造に展開されていった。

3.5　ネットワークと情報共有規範

　常に酒造技術に苦慮する月桂冠の他流派の杜氏たちは、この良質の酵母の噂を聞きつけ、その共有を求めた。そして、ほどなく栗山は伏見酒造杜氏組合長から月例の懇親会へ招待を受けることになる。

宴会へ行ってみたら、伏見の杜氏連中が並んでるんです。杜氏組合長は「栗山先生、聞くところによると、月桂冠の杜氏は栗山さんの酵母を使っているという話だが、そんな勝手なことしてもらったら困る。なんで我々を放っておいてそういうことをするの？」と言う。「私は月桂冠の技師であって、月桂冠の杜氏がその酵母を使うのは当たり前ではないですか」と言うと、組合長は「いや、それだと月桂冠だけがよくなるばっかりであって、伏見の酒は置いてけぼりではないか？ そこのところをよく考えてもらいたい」と言われました。私が「しかし、杜氏というのはみんな友達だけれど、おやっさんところの会社とうちの会社とはライバル関係にある。ライバルに塩を送るということは、やっぱり上杉謙信と武田信玄みたいに、親分同士がそういう話にならんとそうはなりませんよ」と言うと、組合長は「そこは栗山先生が、大倉社長にうまいこと言ってくれたらよろしい」と言われてしまいました[14]。

各地から集まる杜氏たちにとって、ある一つの蔵の杜氏の酒だけが高く評価されるということは、次年度以降の契約にも関わり、他の杜氏や彼らが率いる蔵人にとって重大な問題である。また責任のかかった試行は困難だが、成功事例の技術は渇望される。「他社だけがうまくいくのはおかしい」という一見おかしな道理も、それほど発酵技術に酒造技術者が苦慮し続けていたことの表われといえよう。果たして栗山の開発した酵母は、当時、伏見酒造組合理事長であった大倉治一が囲い込む必要なしと判断して他社の杜氏にも共有された。この事例からは杜氏間のネットワーク内の情報伝達の早さと、集団内に情報共有規範があり、共有しないことは卑怯なこととして、非援助へのコスト（ケチな奴と思われる）がうかがえる。

現在でも技術が発達したとはいえ、酒造技術者は多様で変化する条件下で、発酵状態を見極める難しさに苦慮しており、緊張状態を経験している。よい酵母の情報は機械業者らによって伝えられ、次年度には個人間譲渡によって全国に広まるという。このような環境の中、彼らはライバルという次元を越えて、

同業者の連帯性が強まり技術者間での情報共有行動を起こすと考えられるのである。

3.6 酒造技術模倣の困難さとオープンマインド

ある酒造技術者[15]は1990年頃、毎年来ていた杜氏が急死し、杜氏不在のまま数人の技術者と蔵人で酒造りを行なうことになり、迷うことも多く、他社へ酒造技術について質問に行った。その際、相手企業の杜氏は指導をしてくれるが、杜氏主導で直接的に酒造りに従事できなかった世代の技師は、他社への情報提供を嫌がったという。

> おやっさんに聞きに行ったら、「これはああや、こうや」と教えてくれはります。あるおやっさんなんかは「なんやったら、参考にコピーしてもって帰るか」とか言うてくれはります。社員さんはその難しさを真から知ってはらへんから、教えたら企業秘密をもって行かれると思って教えたがらないんです。でも、おやっさんは米は毎年違うし、うちで毎年同じ状態を造るのにもこんだけ苦労してるんやから、教えても真似のしようがないというのをよう知ってはるんやと思います。そして、オーナーがどういう酒を造りたいかによって、同じ条件で真似されても、最終作品への要望が違ったら、教えた自分ところの蔵と似たような酒を造られるいうこともないんですよ[16]。

このことは現在でも酒造技術者間で理解されており、他県の酒造地から伏見へ転職してきた技術者C氏は、伏見の情報共有の高さに驚いた経験を述べている。

> 伏見では造りの最中でも互いの蔵を見せ合うオープンさがあり、大変驚きました。他の地域では肝心なところまで見せ合うなんて考えられません。技術者同士の交流も伏見のこの狭さだから集まりやすいんです。造りの最中でもわからないことがあったら、さっと抜けて聞きに行ける距離な

のです。灘は広い範囲に点在しているし、郡部でもそれぞれが遠いし。ここは狭い地域に多くの業者が集中していて、本当に情報がたくさんあります[17]。

このように、情報共有を行なっても自社の酒造りに悪影響を及ぼさないことは、他地域でも認識されている。群馬の若手の杜氏兼酒造家が集う勉強会を取り上げた地域情報誌[18]にも「日本酒は同じ麹・酵母・米を使っても決して同じにならない。それを皆が認識している」と書かれており、酒造りで苦慮している技術者が情報共有を行なう背景にこのような認識が共有されているのである。

4 開放的な社会構造の中の酒造技術者

前節では酒造技術の困難性とその重責について示し、酒造りでの緊迫状態を共有する者への援助行動として情報共有が起こりやすいことを説明してきた。本節では、さらに技術情報の囲い込みが困難な状況として、酒造技術者の流動性について検討する。

4.1 杜氏・蔵人集団の流動性

一般的には杜氏・蔵人は継続的に同じ酒造家の下を訪れることが多いが、単年度契約が前提であり、流動的な構造の中にあった。酒造業界では酒造家の意向の変化や次世代への代替わり、あるいは造られた酒の評価が低い場合、異なる杜氏集団に変更されることがあった。そのため杜氏・蔵人は、必ずしも同一酒造家の下で長年勤め続けるケースばかりとは限らず、他社へ転職することもあった。反対に契約が継続されていても鑑評会などでよい酒を造る杜氏が他社に引き抜かれることもあった。蔵人も酒の仕込みによい働きをしない者は杜氏の業績にも関わるため、次年度からその杜氏のチームに入れないこともあった[19]。

4.2 現代の酒造技術者の流動性

現代の酒造技術者は社員として雇用されるため、杜氏・蔵人とは雇用制度が異なる。全国清酒酒造業者1,698社のうち大手企業は6社のみであり（国税局平成19年度データ）、99.6％が中小企業であることから、酒造業界は転職者が多いことが予測される。2005年度に行なわれた社会移動の調査によると、正規雇用の男性で50歳までに転職を1回以上している者は、企業規模1,000人以上で42％、300人～999人で約50％、30人～299人で65％であった（藤本2008）[20]。表6-1に示すのは伏見酒造業の経営者、家族従業者、非正規雇用者、定年後再雇用者を除く、正規雇用者の前職である。一般社員のうち90％が新卒採用者であり、転職者は約10％と比較的少ない。このうち従業員100人以上の企業は、新卒採用者が98.5％であり、100人未満の企業は50.0％と、中小企業の従業員の半数が中途採用者であることがわかる。転職者のうち、前職も技術職であった者は、100人未満の企業で18％である（清酒製造に関わる技術者はさらにその半数である）。

表6-1　企業規模と前職・職種（上段：実数　下段：構成比）

	営業職販売職事務職	製造職技術職	学生	その他	合計
100人未満	13 29.5％	8 18.2％	22 50.0％	1 2.3％	44 100.0％
100人以上	0 0.0％	3 1.5％	203 98.5％	0 0.0％	206 100.0％
合計	13 5.2％	11 4.4％	225 90.0％	1 0.4％	250 100.0％

4.3 転職の契機

以下に酒造技術者の転職契機について、有志による勉強会での聞き取り調査から、その傾向をまとめた[21]。

4.3.1 酒造技術者の移動先

杜氏が大勢働いていた頃は伏見内で同業他社への移動があったというが、現

在でも地域内での技術者の転職は見かけるという。伏見の技術者の流動性は、主に伏見内での移籍、他地域の酒造業への移籍、他業種への転職があり、さらに近隣地域の酒造技術者の流入もある。地域内での同業他社間の技術者の引き抜きは行なわないが、技術者自身が自発的転職を希望した場合は、受け入れる企業がある。直接的な転職では支障がある場合、機械業者などが一旦受け皿となり、クッションの役割をして1年後に移籍することもある。また自発的転職だけでなく、廃業になった同業他社からの転入希望もある。

4.3.2 地域外での技術者ネットワークによる転職の契機

　酒造技術者には鑑評会などのネットワークがあり、そこでの交流において出品された酒の出来具合だけでなく、互いに人柄や相手が同僚として働ける人物か、信頼できる相手かどうかも見ている。技術者同士の交流の中では、定量的な外部評価となるものがなくとも、出品された酒と何気ない技術的な情報交換で、互いのレベルがわかるという。優秀な技術者への勧誘は、大企業では人事の管轄となり直接的な交渉は難しいが、中小企業の場合は、出品している技術者が相手のレベルを酒の仕上がりから判断して、ネットワーク内で互いに誘うことがあるという。酒造技術者の転職契機は、① 本人の自発的転職希望（技術者仲間に受け入れ先がないか尋ねる）、② 鑑評会などでの技術力を評価されての引き抜き、③ 他の発酵業出身者（漬物業、ビール製造業、パン製造業など）、大学時代の知人、友人からの転職先紹介要望などがある。知人・友人が転職先を探している場合などは、自社に迎えるべく声をかけることがあり、反対に自身や友人の技術者も他の地域の酒造技術者から勧誘を受けるという。ある技術者は、酒造りのすべての工程を「おやっさん」として任されてやってみたいと言い、所属している企業よりも小さい地方の酒造家からの勧誘を受けて転出して行った技術者がいたと語る[22]。彼らは給与面では下がることがあっても、自分が理想とする酒を完全に任されて造ることができるという働きがいは、技術者にとって大きな魅力だという。転職は各レベルの技術者に機会があり、杜氏クラスの技術者が必要な企業もあれば、麹[23]やもろみなどの工程ができる技術者が必要な企業もあり、ニーズはさまざまである。

4.4 人的情報ネットワーク

では、彼らはどのようなコミュニケーションを行なっているのだろうか。図6-2に示すのは、酒造技術者の社内外の技術的な相談相手のチャネル数である。100人未満の企業では、社内に相談相手をもたない者は11％と少ないが5人未満が67％と社員の少なさの影響がうかがえる。それに対して外部の相談相手をもたない者は33％とやや増えるものの、社外に5人以上の相談相手をもつ者が37％もいる。このように100人未満の企業の技術者は、社員数の少なさを外部ネットワークで補っていることがわかる。一方、100人以上の企業は、社内に相談相手をもたない者は15％と中小企業と同様の傾向が見られるが、5人以上の相談相手をもつ者が52％と多く、社内ネットワークが充実していることがわかる。また社外での相談相手をもたない者が60％と非常に多く、5人以上の相談相手をもつ者は20％と少ない傾向にある。これらのことから100人以上の企業の技術者は社内ネットワークを重視し、社外のネットワークづくりに注力する者が少ないことがわかる。100人以上の企業と100人未満の企業とは、対照的なネットワーク形態でコミュニケーションをしていることが示された[24]。しかしながら、100人以上の企業の中にも5人以上の外部の技術者とつながる者が一定数存在することから、伏見酒造業内の技術者ネットワークは、企業規模による断絶が起こっていないといえる。なお、社内での相談相

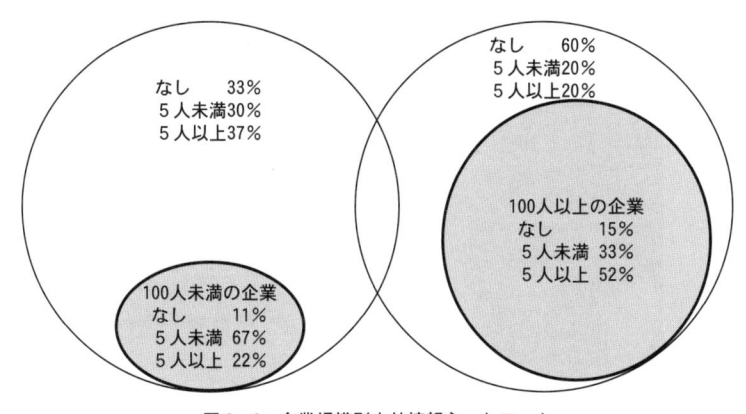

図6-2　企業規模別内外情報ネットワーク
100人未満企業　n = 27　100人以上企業　n = 111

手なしの回答者は、いずれの企業規模も主に 20 年以上の経験者である事から相談を受ける立場であると考えられる。

5 酒造技術者の職業人志向とアイデンティティ

ここまで、酒造技術者が流動的な環境下にいることを検討してきた。開放的な社会構造の中にある専門的職業従事者は、企業にこだわらずに自己の能力を発揮できるような好条件があれば、転職も視野に入れる者が多い（藤本 2005）。酒造技術者が伏見に留まり、情報共有ネットワークの中にいるとすれば、それはどのような就業観と関係しているのだろうか。そこで本節では酒造技術者が当地に留まる凝集性について、彼らの職業人志向と情報共有行動との関係から検討を行なう。

5.1 酒造技術者ネットワークの凝集性

酒造技術者は専門的な知識、技能や経験が必要であるため、所属組織に対する忠誠心より、専門分野（酒造り）に注力することを望む「職業人志向」

技術者の交流会
提供：京都市産業技術研究所工業技術センター

が強いと予測される。組織の成員は職業人性（cosmopolitans）と組織人性（locals）の2つに分類され、専門的職業従事者は雇用されている組織に対する忠誠心が低く、専門知識に深く関与し、専門的な自己充足に関心を向け、外部の同業者集団に準拠する傾向がある（Gouldner 1957, 1958）。現代の酒造業者の多くは大学・大学院卒で醸造学、発酵学を修めた人々であることから、専門的職業従事者として扱う。前節で述べたように酒造技術者には外部労働市場もあり、全国鑑評会での技術者交流の場、伏見内の公式、非公式の技術者勉強会への関与から、同業者との交流もあり、他社でも酒造りが行なえることから、職業人志向が強まる構造があるといえよう。

　彼らの造る酒の傾向と酒造家の意向が合致している場合は、長期的な関係が築かれるが、合致しない場合もある。彼らは杜氏のような単年度契約ではないため、企業に留まり続ける可能性は高いが、「自分の理想の酒を造りたい」という志向が強い技術者は、自らの能力をより発揮できる環境へ移動する機会があるならば転職を考える。その上で酒造技術者が企業に留まる場合や転職しても伏見地域に留まる場合、当地に凝集性があるといえよう。そこで次項では酒造技術者の職業人志向、職場環境への満足度、会社への関与度、伏見地域の凝集性について分析を行ない、彼らがどのような就業観で酒造りに従事しているのかを検討する。

5.2　酒造技術者の職業人志向

　本項では酒造りという仕事に対する、酒造技術者たちの関与の程度を職業人志向の指標として、以下の6項目の職業コミットメント尺度[25]を用いて検討する。① この仕事のためなら、人並み以上の努力を喜んで払うつもりだ、② 友人にこの仕事はやりがいのあるすばらしい仕事であると言える、③ この仕事に携わることは自分にとって価値のあることだと思う、④ この仕事は私の意欲をおおいにかきたてるものである、⑤ 私はこの仕事に愛着をもっている、⑥ この仕事を選んでよかったと思う（4段階評定尺度　1：そう思わない，2：どちらかといえばそう思わない，3：どちらかといえばそう思う，4：そう思う）。これらの項目を因子分析した結果、固有値1.0以上の因子が1つ抽出さ

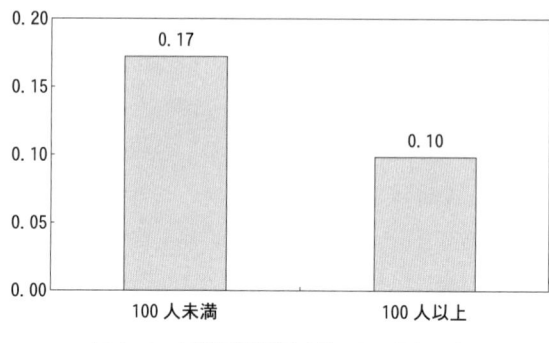

図6-3 企業規模別職業人性の因子得点比較

れた（固有値4.7、因子負荷量は附表6-1参照）。この因子得点を企業規模別に示したのが図6-3である。職業人性要素を比較すると、100人未満の企業の技術者は100人以上の企業の技術者よりも因子得点が高く、職業人志向が強いことがわかる。中小企業の技術者の方が酒造りへの思いが強く表われている。では職場満足度はいかなるものだろうか。

5.3 酒造技術者の職場へのコミットメント

5.3.1 職場環境満足度

表6-2に示すのは、「給与」「職場地位」「仕事内容」「職場の人間関係」「自分への評価」「会社の方針」「醸造設備」に対する技術者たちの満足度を企業規模別に示したものである（1：不満，2：どちらかといえば不満，3：どちらかといえば満足，4：満足）。企業規模の違いは顕著には見られないが、全体的に給与に対する満足度が低い。「職場地位」「仕事内容」「職場の人間関係」「自己への評価」は比較的満足度が高い傾向にあり、これらの項目のうち、現在の仕事への満足度は最も高い。「会社の方針」への満足度は100人以上の方がやや低い。「醸造設備」は100人以上の企業の方が、100人未満の企業より満足度がやや低い。これは相対的な満足度の差であり、実際には大きな企業に大がかりで先端的なものが導入されていることから、さら

表6-2 職場環境満足度

	企業規模	N	平均値
給与	100人未満	35	1.83
	100人以上	112	1.64
職場地位	100人未満	34	2.55
	100人以上	110	2.30
仕事内容	100人未満	34	2.68
	100人以上	112	2.68
人間関係	100人未満	41	2.41
	100人以上	111	2.88
評価	100人未満	40	2.62
	100人以上	111	2.59
会社方針	100人未満	40	2.19
	100人以上	112	1.92
醸造設備	100人未満	41	2.30
	100人以上	108	2.03

に先端的な設備の必要性を求めたものと考えられる。全体的には100人未満の技術者の職場環境満足度が高い傾向にある。仕事にこだわりをもち、職場に満足している中小企業の技術者が多いが、彼らの意識に影響するのはどのような事柄であろうか。

技術者は仕上がった酒の評価の際、清酒は悪い点をあげる文化があり、褒められることがなく、やる気を削がれることがあるという。このような環境の中、鑑評会などで他社から自分の造った酒が評価され「ぜひ、うちに来てあなたの理想とする酒を造ってほしい」という勧誘を受けると、転職について迷うこともあるという。

5.3.2 所属組織へのコミットメント

企業に対して酒造業従事者はどのような意識をもっているのだろうか。本調査では所属企業への関与の程度を、組織コミットメント尺度[26]を用いて測定している。調査項目は以下の10項目である。①この会社（蔵）を離れたら、どうなるか不安である、②自分にとってやりがいのある仕事を担当させてもらえないなら、この会社（蔵）にいても意味がない、③この会社（蔵）の発展のためなら、人並以上の努力を喜んで払うつもりだ、④この会社（蔵）に忠誠心を抱くことは大切である、⑤この会社（蔵）を辞めることは、世間体が悪いと思う、⑥この会社（蔵）を辞めたら、家族や親戚に会わせる顔がない、⑦これ以上、自分の能力を向上させる機会が得られなければ、この会社（蔵）にとどまるメリットはあまりない、⑧この会社（蔵）で働き続ける理由の一つは、ここを辞めることがかなりの損失を伴うからである、⑨この会社（蔵）の存在やその事業は社会的に意義がある、⑩この会社（蔵）の目標やその事業の将来に夢をもっている（1：そう思わない，2：どちらかといえばそう思わない，3：どちらかといえばそう思う，4：そう思う）。これらの項目を因子分析した結果、固有値1.0以上の因子が4つ抽出された（因子分析表は附表6-2-1～3参照）。最も寄与率の高い第1因子は③④⑨⑩から構成されていることから、組織への愛着や忠誠心を示す「情緒的要素」とする。第2因子は⑤⑥から構成されていることから、規範に関わる意識として「規範的要

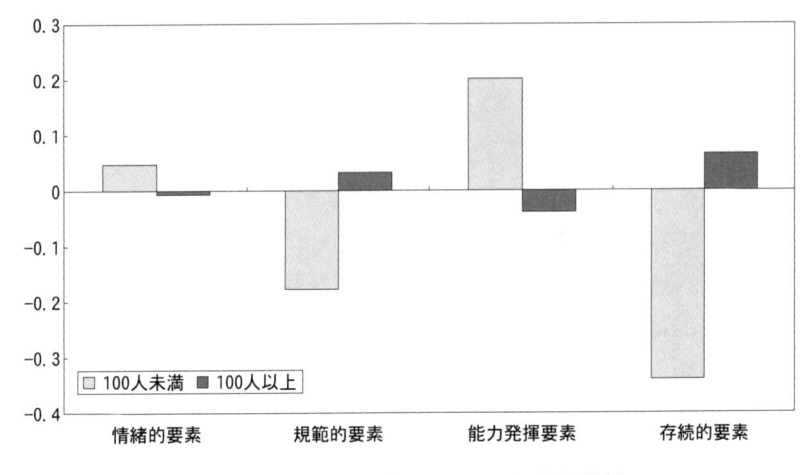

図6-4 企業規模別組織コミットメント（因子得点）

素」とする。第3因子は②⑦から構成されていることから、能力発揮のために組織に関わる意識として「能力発揮要素」とする。第4因子は①⑧から構成されていることから、組織での所属の存続を目的として関わる意識として「存続的要素」とした。そしてこれらの因子得点を企業規模別に示したものが図6-4である。これによれば情緒的要素は100人未満の企業の技術者の方が、やや企業に愛着をもつ傾向にあるが、100人以上の企業と顕著な差は見られない。規範的要素は100人未満の企業の技術者の方がやや弱く、転職時に世間体を気にするような抵抗感が100人以上の企業よりも低いことがわかる。能力発揮要素は100人未満の企業の技術者の方が100人以上の企業よりも強く、能力が発揮できなければ転職を希望する傾向がうかがえる。存続的要素は100人未満の企業の技術者の方が100人以上の企業の技術者よりも弱く、企業を辞める不安が小さい。これらのことから中小企業従事者は組織から自立的な態度をもつ傾向にあることがわかる。

　100人以上の企業の酒造技術者には大学・大学院卒者が多く従事しており、高度専門職に当てはまる技術者も多いが、欧米型の専門職特有の「組織から自立的な態度」ではなく組織に存続を望む傾向がある。これは日本の大企業に雇用される研究開発部門の研究者・技術者にも見られる傾向である。この100人

以上の各企業は、酒造業界トップ10に入る企業群であり、この技術者たちの傾向はローカル・マキシマム現象（業界でトップクラスに位置することから、組織間移動により失うものが大きいため、専門職でも所属組織を辞めることを望まない）といえよう（藤本 2005）。

5.4 就業観と伏見酒造業へのアイデンティティ
5.4.1 転職意思

これまで酒造技術者の職業人志向の強さ、能力発揮を求める傾向を確認してきた。ここでは彼らの特性を踏まえた上で、さらに転職意思の傾向を分析する。表6-3は他社での酒造り、同業他社、異業種への転職、転職意思なしという回答を企業規模別に示したものである。この回答から、100人未満の企業の技術者の半数以上が、他社での酒造りを意識していることがわかる。これに対して、100人以上の企業の技術者は、転職するつもりが一切ない者が42%おり、組織へのコミットメントの強さが見られた。

表6-3 企業規模別転職指向 （上段：実数　下段：構成比）

	他社で酒造希望	酒造部門以外の同業他社希望	異業種に転職希望	転職意思なし	合計
100人未満	11 55.0%	1 5.0%	3 15.0%	5 25.0%	20 100.0%
100人以上	9 8.8%	7 6.9%	43 42.2%	43 42.2%	102 100.0%
合計	20 16.4%	8 6.6%	46 37.7%	48 39.3%	122 100.0%

5.4.2 職業人志向と企業への愛着と外部ネットワークの関係

では、職業人志向が強い技術者は、企業に対して愛着が低いのだろうか。また外部ネットワークに集う者の志向はどのようなものであろうか。表6-4に示すのは職業人性の因子得点と情緒的要素の因子得点と社外相談相手人数の偏相関を示したものである（100人以上の企業の職業人性と情緒的要素の因子得点は、外部ネットワーク人数との間に疑似相関が見られたため、偏相関係数を求めている）。職業人志向と企業への愛着の相関は100人未満の企業も100人

表 6-4　職業人志向・企業への愛着・外部ネットワークの偏相関

	100人未満の企業		100人以上の企業	
	職業人志向	情緒的要素	職業人志向	情緒的要素
情緒的要素	.549*		.714**	
外部ネットワーク	.574*	− 0.297	0.109	0.065

* p <.05　**p <.01

以上の企業も非常に強く、仕事に誇りをもち、仕事にコミットする技術者ほど会社への愛着が強い。職業人志向と外部ネットワークの関係は100人未満の企業では、職業人志向が強い者ほど外部ネットワークと交流する傾向にあることがわかる。ただし、外部ネットワークと強く関わる者が必ずしも企業に愛着をもっているわけではなく、職業人志向の強さが重要な要素であることがわかる。つまり、企業に愛着をもたないが、自らのために外部ネットワークに関わる者もいるということである。一方100人以上の企業では、職業人志向と外部ネットワークに相関関係は見られない。表6-4の結果から、100人未満の企業の技術者には、職業人志向の強さと外部ネットワーク、企業への愛着に正の相関があるといえる。

5.4.3　伏見酒造業へのアイデンティティ

　伏見の酒造技術者の酒造業・伏見へのアイデンティティに関わる次の4項目を企業規模別に示したものが表6-5である。① 今以上に伏見の酒造業者は互いに協力すべきである、② 自社の日本酒が世間で高い評価を得ることを望んでいる、③ 伏見酒全体が世間で高い評価を得ることを望んでいる、④ 自社以外の伏見の酒造業者が造る日本酒でも、テレビ番組や雑誌で紹介されていると嬉しい（1：そう思わない，2：どちらかといえばそう思わない，3：どちらかといえばそう思う，4：そう思う）。

表 6-5　企業規模別伏見酒造業全体への意識

	企業規模	N	平均値
伏見内協力	100人未満	27	3.63
	100人以上	108	3.43
自社日本酒への高評価	100人未満	27	3.7
	100人以上	107	3.85
伏見酒への高評価	100人未満	27	3.7
	100人以上	107	3.85
伏見内他酒造業者の紹介	100人未満	27	3.56
	100人以上	107	3.09

全体的に非常に平均値が高く、企業規模にかかわらず酒造技術者の伏見酒造業へのアイデンティティの強さがうかがえる。現在でも技術者間の情報交流は盛んであるが、技術者たちはなお一層の協力体制にあるべきだと考えている。また、自社の酒が高い評価を受けることと同程度に伏見酒全体が高評価を受けることを望み、自社の営利目的だけで活動を行なっているのではないことが強く表われている。さらに他の酒造業者が紹介されていても喜ぶとしている者が多く、特に100人未満の企業の技術者にその傾向が強い。これらの項目は自社の評価を喜ぶ者が99%、伏見全体の評価を喜ぶ者が97%、そして他社がメディアで取り上げられていることをも喜ぶ者が82%もいる。そして、これは技術者のみならず、営業・事務従事者も同程度の比率で感じている。これらの回答から大企業も中小企業も就業者の伏見酒への思いは非常に強く、伏見酒造業の発展を願っている姿が明らかになった。

技術者有志の会の中心的なメンバーの一人である酒造技術者は[27]、「他の蔵からの勧誘があり、自分の理想の酒造りをさせてもらえることへの魅力に揺れることもあるが、自分の蔵は良いチームを構成できていて充実しているし、伏見には一緒に頑張れる仲間がいる。私はおやっさんの時代からいろいろな人に育ててもらった。今、杜氏を知らない世代に受け継ぐ責任と難しさを強く感じているが、伏見への恩返しの責任は大きいと考えている」と語った。

伏見酒造業の技術者は移動可能性があり、能力発揮機会を望む職業人志向が強いが、地域での技術者ネットワークの凝集性により、伏見酒造業へのアイデンティティを強くもつ傾向が見られた。情報共有は、彼らにとって重要なネットワークへの参加行為であり、それが彼らの伏見酒造業へのアイデンティティを育んでいるといえよう。

6 まとめ

これまで述べてきた議論を以下にまとめる。本章では酒造業における技術者間の情報共有行動について彼らを取り巻く社会的環境から分析を進めてきた。伏見酒造業には多様な流派の杜氏が大勢訪れていた時代から技術情報の交流が

あり、現在はさらに活発に情報共有が行なわれている。それは工業などでは行なわれにくい、知的財産の無償提供ともいえる行為であり、同業者への援助行動といえる。この援助行動が起こる要因として、援助事態の性質に着目し、杜氏が酒造りに要する巨額への責任を一人で負っていた時代の重責感と、現代でも高額の酒造好適米へのコストに対する緊張があることを示した。この強いプレッシャーを知る信頼関係の築かれた同業者同士には、深刻な事態下ではライバル心を越えた情報共有が情報的援助として行なわれた。

技術的側面からは、菌のコントロールが現在でも難しく、毎年の気候、米、使用酵母などの条件が変化し、酒造家の酒の仕上げに対する意向も企業ごとに異なり、酒造りには同じ味を再現する難しさがある。このことが技術者間で知られており、情報共有に対してオープンマインドな姿勢を生み出すことを示した。さらに99.6%が中小企業である酒造業には技術者に一定の流動性があり、開放的な社会構造であるため、転職による情報の流出も承知されている。

このように情報提供しやすい状況の中、中小企業の酒造技術者には、自身が理想とする酒造りができる環境への移動を視野に入れる者が多く、転職においても外部ネットワークは重要な情報源であった。しかし、職業人志向を強くもち酒造りに真摯な姿勢で取り組む技術者ほど、技術情報を得られる技術者ネットワークへの関与が強く、さらに企業への愛着も強いという特徴が見られた。技術者ネットワークでは、技術的な情報交換、転職情報の交換だけでなく、伏見全体の酒造技術の向上を図るための全体への貢献も見られ、彼らの伏見酒造業へのアイデンティティが育まれる場でもあることが確認された。

現在、杜氏を知る最後の世代が、働き盛りの世代に成長し、後進の育成に苦慮しながらも杜氏の技術、造りの心を伝えようとしている。伏見には多様な杜氏が訪れていたことから、杜氏と共に酒造りに携わった人々の技術情報共有ネットワークは、さまざまな流派の混合型として発展している。

[附表]

附表6-1 職業コミットメント尺度の因子分析表

職業コミットメント尺度の因子分析の因子負荷量と共通性

	因子 職業人性	共通性
この仕事のためなら、人並以上の努力を喜んで払うつもりだ	0.81	0.65
友人にこの仕事はやりがいのあるすばらしい仕事であると言える	0.87	0.76
この仕事に携わることは自分にとって価値のあることだと思う	0.79	0.63
この仕事は私の意欲をおおいにかきたてるものである	0.92	0.84
私はこの仕事に愛着をもっている	0.89	0.79
この仕事を選んでよかったと思う	0.83	0.69

主因子法,プロマックス回転。

附表6-2

附表6-2-1 組織コミットメント尺度の因子分析表

組織コミットメント尺度の因子分析の因子負荷量と共通性

	因子 情緒的 要素	因子 規範的 要素	因子 能力発 揮要素	因子 存続的 要素	共通性
この会社(蔵)の発展のためなら、人並以上の努力を喜んで払うつもりだ	0.72	0.13	0.03	0.03	0.56
この会社(蔵)の存在やその事業は社会的に意義がある	0.58	0.09	−0.30	0.02	0.38
この会社(蔵)の目標やその事業の将来に夢をもっている	0.71	0.21	−0.18	0.08	0.51
この会社(蔵)に忠誠心を抱くことは大切である	0.57	0.07	−0.08	0.16	0.35
この会社(蔵)を辞めることは、世間体が悪いと思う	0.08	0.65	−0.08	0.27	0.42
この会社(蔵)を辞めたら、家族や親戚に会わせる顔がない	0.18	0.87	−0.11	0.32	0.76
自分にとってやりがいのある仕事を担当させてもらえないなら、この会社(蔵)にいても意味がない	0.07	0.01	0.46	−0.14	0.26
これ以上、自分の能力を向上させる機会が得られなければ、この会社(蔵)にとどまるメリットはあまりない	−0.31	−0.20	0.90	0.00	0.83
この会社(蔵)を離れたら、どうなるか不安である	0.19	0.37	−0.13	0.65	0.46
この会社(蔵)で働き続ける理由の一つは、ここを辞めることがかなりの損失を伴うからである	0.07	0.25	−0.07	0.76	0.58

主因子法,プロマックス回転。

附表6-2-2　固有値

	固有値	分散の %	累積 %
1	2.6	21.3	21.3
2	1.8	13.4	34.7
3	1.4	9.7	44.4
4	1.1	6.6	51.0

付表6-2-3　因子相関行列表

	1	2	3	4
1	1	0.22	−0.22	0.09
2	0.22	1	−0.17	0.36
3	−0.22	−0.17	1	−0.06
4	0.09	0.36	−0.06	1

注
1　本章は藤本・河口（2009b）をリライトしたものである。
2　全国各地で微妙に酒造技術の異なる流派があり、それぞれ杜氏組合を組織している。
3　酒造技術者A氏へのインタビュー（2009年1月）
4　なお、酒造技術者には専門職の定義に当てはまらない者も多いが、ある家電メーカーの製造職が事務職以上に研究職に近い職業人志向を示す事例もあるため、本稿では専門的職業従事者としてその傾向を分析する。
5　酒造技術者B氏へのインタビュー（2006年5月）
6　株式会社増田德兵衞商店代表取締役社長　増田泉彦（現・第14代德兵衞）氏へのインタビュー（2006年9月）
7　洗った米を蒸したのち、放冷し、そのまままもろみに仕込まれる米。仕込みに使われる全物料の約70%はかけ米（月桂冠株式会社　1999：105）。
8　酒造技術者B氏へのインタビュー（2006年5月）
9　酒造技術者B氏へのインタビュー（2006年5月）
10　もろみの酒しぼりに使う長方形の木製容器（荻生編　2006：179）。
11　月桂冠株式会社元副社長　栗山一秀氏へのインタビュー（2005年4月）
12　栗山氏の場合は、杜氏と技師の葛藤を乗り越えられた例であるが、杜氏の酒造りの方法と醸造学を学んだ技師の意見の食い違いは今でも現場で見られ、杜氏とベテランの製造部長（技師）の作業指示が異なり現場が困惑することもあるという。
13　栗山氏へのインタビュー（2005年4月）
14　栗山氏へのインタビュー（2005年4月）
15　酒造技術者B氏へのインタビュー（2006年5月）
16　酒造技術者B氏へのインタビュー（2006年5月）
17　酒造技術者C氏へのインタビュー（2009年12月）
18　『みのりくらぶ』Vol.57（上毛新聞社広告局　2008年12月）
19　招德酒造株式会社相談役　木村善美氏に対しての労務委員時代の杜氏・蔵人の労務管理に関するインタビュー（2005年6月）
20　社会学者による1955年度から10年ごとに行なっている「社会階層と社会移動」研究のための調査であり、藤本が用いているデータは「2005年社会階層と社会移動調査研究会」によるものである（藤本　2008）。
21　前出のA氏、B氏、C氏のほかにも伏見地域でのフィールドワークの中で、技術者有志による勉強会でD氏、E氏、F氏、G氏、H氏、I氏、J氏他へのインタビュー（2006〜2009年）
22　酒造技術者A氏へのインタビュー（2009年1月）
23　「麹」の作業とは、冷した蒸し米に麹菌の種つけを行なうこと。
24　社内外ネットワークの企業規模の違いをχ^2検定を用いて検定したところ、どちらも有意な差が認められた。社内　$p<.01$　社外　$p<.05$。

25 本尺度は、N. アランヤの職業コミットメント尺度（Aranya 1981）とそれをもとにして作成された蔡仁錫の尺度（蔡 1996）を参考にして、藤本が作成したものである（藤本 2005）。
26 本尺度は R.T. マウディら、J.P. メイヤーら、関本昌秀ら、田尾雅夫の組織コミットメント尺度として信頼性の検討がなされたものから 8 項目抜粋し（Mowday et al. 1979 ; Meyer and Allen 1987 ; 関本・花田 1985 ; 田尾編 1997），それに 2 項目を追加して藤本が作成した調査票をもとにしている（藤本 2005）。
27 酒造技術者 A 氏へのインタビュー（2009 年 1 月）

第 7 章
伏見酒造業に対する社会学的考察

1　4つの分析視点のまとめ

　伏見酒造業は京都市南端に立地し、全国第2位の銘醸地として栄えている。この地域は歴史的に多くの人々が行き交う流動的な土地柄であったことから、異質性の高い人々が集う傾向があった。現在も伏見の酒造家の出自は多様であり、老舗企業と新興企業、大企業と中小企業が淘汰されることなく併存している。また、かつて酒造技術者といえば季節雇用の杜氏集団が一般的であったが、伏見へ出稼ぎに来る杜氏集団の出身地も多様であり、当地には多くの流派が集結するという地域的特性があった。現在、社員化も進んでいるが、多様な流派の杜氏に師事した社員の造り方も多様である。そしてこのような成員によって構成されている伏見酒造業は、全国の酒造地の縮図ともいわれた。本書では京都伏見酒造業という伝統産業の集積地を対象に、そのアクターである酒造家の集団特性と彼らを取り巻く社会的環境を中心に同酒造業の発展に関わる要因を以下の4つの視点から分析した。

1.1　第1の仮説検証のまとめ

　第1の仮説は、伏見酒造業の現在の優位性は、彼らが立ち向かわなければならない制約的条件を克服しようと努力した結果、環境への耐性が生まれ、それが発展したものであるとした。伏見は酒造業を営む場として決して恵まれていたわけではなく、特に市場、原料米、労働力確保の面で非常に苦労している。市場についていえば、京の都に隣接していながら、洛中の酒造家を守るために、都で伏見酒を販売することを禁止され、またその後、東京進出を試みるも

受け入れられるまで苦しい経験をしている。原料米についていえば、農業兼営の酒造家は自ら米を生産しているため、米の制度や出来高の影響を受けにくいが、地元米が不足している伏見は、常に米の確保に苦しんできた。そして労働力についても、地元に第一次産業従事者が少ないため、遠隔地まで出稼ぎに来る蔵人の確保に苦労している。しかし、彼らがこれらの社会的環境へ適応した結果、東京をはじめとする遠隔地市場の開拓、多様な米の購入先による不作の際のリスクヘッジ、そして多様な酒造技術が集合し、競争的環境の下で技術が発達するというプラスの効果につながった。したがって伏見酒造業を取り巻く制約的条件は、潜在的順機能として酒造業者に優位性を生み出す環境耐性をもたらしたのである。

1.2 第2の仮説検証のまとめ

第2の仮説は、酒造家たちの俊敏で進取的な行動パターンが集団特性によるものであるとした。一人の酒造家の事例であれば、その個人の特性ということになろうが、伏見の場合、このような酒造家の話は枚挙にいとまがない。以下の5例に限ったことではないが、月桂冠は灘という王者が手掛ける前に、業界に先駆けて本格的な四季醸造という技術革新を実現し、黄桜は大手各社に比してかなり小規模であったにもかかわらず、業界に先駆けて本格的な自社商品のテレビCMを実現し、一躍、大手酒造業者の仲間入りを果たした。玉乃光は戦後、米の供給不足を補うために考案されたアルコール添加酒が米余りの時代になっても継続されていることから、孤立無援の中で業界に先駆けて純米酒復興を果たし、月の桂は濁酒（どぶろく）が低品質で清酒が高品質とされた時期に、上質のにごり酒を商品化した。そして、TaKaRaは清酒業界全体において非常に珍しい積極拡大路線をとり続けて今日に至っている。これらの歩みの中からは、それぞれの転機において独自の意思決定により迅速に行動してきた経営者たちの姿を確認することができる。企業規模や創業年次の序列にかかわりなく新しい取り組みが行なわれており、個々の進取的な行動が抑制されず、極めて迅速に実施されてきたことがわかる。同質的な集団であれば、規範的な序列意識により行動が起こしにくく、合意形成に時間を要し、他の成員と同様の

行動をとることが望まれるような斉一性の圧力が働くことなどがあっただろう。

1.3 第3の仮説検証のまとめ

第3の仮説は、伏見の酒造家のような規範的同調圧力が強まりにくい集団が、無秩序状態にならずに発展してきた背景として、彼らに深刻で重要な課題が降りかかり、その解決のために協調する必然性が発生し、その結果、秩序維持がなされたとした。彼らは(1)原料米、労働力確保が他地域以上に困難であったために、これらにかかるコスト削減、情報収集を行なう必然性、(2)国による規制、税制の厳しさに事業存続をかけて対抗する上で集団力を高める必然性、(3)国の支援を享受する上で伏見酒造組合の総意として一致度を高める必然性、(4)自由競争による無秩序状態での品質低下防止、業者間のモラル維持、過当競争による自滅防止に向けての啓蒙活動の必然性、(5)伏見にとって最も重要な水という共用財の危機救済への迅速な対応の必然性などから協調してきた。同調圧力が弱い集団の秩序は、協調すべき深刻で重要な事態の存在により、維持されており、その活動の場として伏見酒造組合が機能してきたのである。

1.4 第4の仮説検証のまとめ

そして酒造家だけが進取的であっても製造技術が発達しなければ、伏見酒の発展はありえない。伏見酒造業には多様な流派の杜氏が大勢訪れていた時代から技術情報の交流があり、現在も活発に情報共有が行なわれている。それは工業などでは行なわれにくい知的財産の無償提供ともいえる行為であり、同業者への援助行動といえる。そこで第4の仮説は、酒造技術者が情報共有を行なう要因とし(1)援助事態の性質、(2)技術的模倣困難性、(3)技術者の流動性、(4)技術者ネットワークの凝集性の影響とした。援助事態の性質では、酒造りに要する巨額の費用への責任を杜氏が一人で負っていた時代の重責感、現代でも高額の酒造好適米の仕入れ値を知る技術者にはコストに対する緊張感があること、この高額の投資額が少人数の技術者に委ねられるという構造から、個人に

かかるプレッシャーを知る（信頼関係の築かれた）同業者同士には、ライバル心以上に援助の気持ちが強くなることを示した。技術的側面からは、菌のコントロールが現在でも難しく、毎年の気候、米、使用酵母などの条件が変化する中、酒の仕上げに対する方針も企業ごとに異なり、同じ味を再現することが困難であることが技術者間で知られており、情報共有にオープンマインドな姿勢を生み出すことを示した。さらに99.6%が中小企業である酒造業には技術者に一定の流動性があり、開放的な社会構造であるため、転職による情報の流出も承知されていることを示した。そして、情報共有が行なわれる中では、中小企業には酒造技術者に対する他社への転職の誘いもあり、情報交換の場として技術者ネットワークに関わっている者もあった。伏見の酒造技術者の特徴は、酒造りに注力する姿勢をもつ者ほど、企業への愛着も強く、このような志向をもつ者は技術者の情報共有ネットワークへの参加も盛んであった。これらの技術的援助行動、模倣困難性による情報共有へのオープンマインド、流動性の高さ、技術者ネットワークにより、技術が向上するしくみが形成されていた。

1.5　伏見酒造業の発展メカニズムの概念図

　図7-1は、4つの仮説から構成された制度的要素と伏見酒造業の発展、継続メカニズムの関係を示したものである。伏見の流動性による集団の多様性があり、彼らに降りかかる外的要因として制約的条件、酒造業にかかる重要な課題という社会的環境の要素がある。彼らがそれらを解決しようとしたとき、集団特性による進取的な行動が特徴としてあり、そこには序列意識を強制する規範意識の弱さが見られた。その中で弱い同調圧力の中にある成員が無秩序状態にならず秩序が保たれてきたのは、いくつもの協調の必然性があったためである。また経営者のみの進取性だけでなく、技術の発達にも特徴が見られた。それは技術者にかかる高額の原料費への重責感に対する相互援助、発酵技術の模倣困難性、開放的な社会構造、技術者ネットワークにより情報共有規範が形成され、全国の技術が集結する伏見では、各地の酒造技術の利点を抽出できたことである。本書ではこれらの要素が伏見酒造業の発展に大きく寄与してきたことを示した。

148　第7章　伏見酒造業に対する社会学的考察

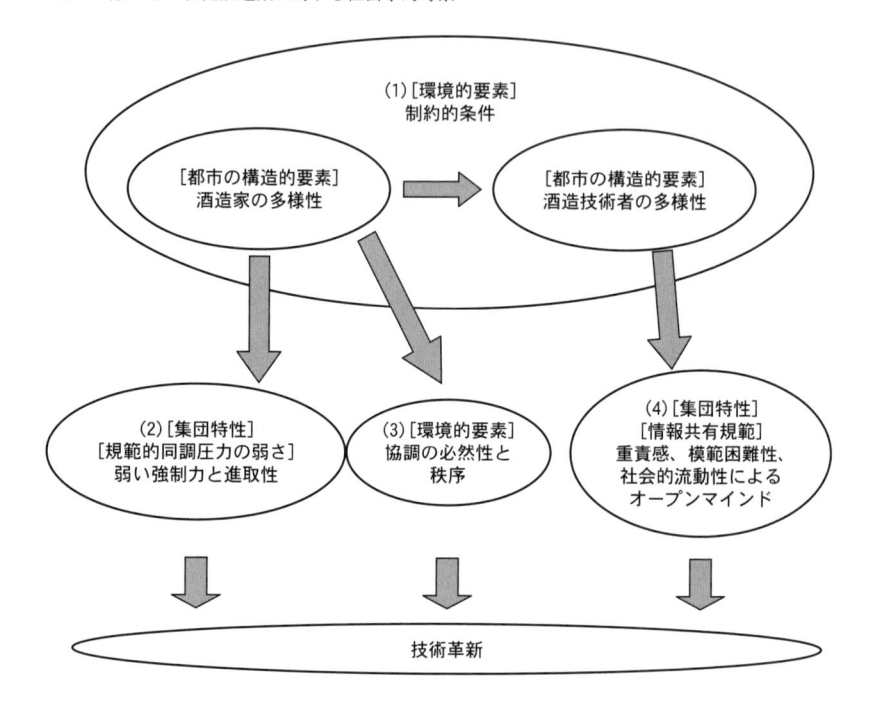

```
(1) [環境的要素]
制約的条件
  ┌─[都市の構造的要素]──→[都市の構造的要素]─┐
  │  酒造家の多様性        酒造技術者の多様性  │

(2) [集団特性]          (3) [環境的要素]      (4) [集団特性]
[規範的同調圧力の弱さ]   協調の必然性と        [情報共有規範]
弱い強制力と進取性       秩序                 重責感、模範困難性、
                                            社会的流動性による
                                            オープンマインド

            ↓              ↓                    ↓
                        技術革新
```

図7-1　京都伏見酒造業の発展メカニズム

2　伏見酒造業に対する制度と地域性からの社会学的考察

　これまで伏見酒造業の発展パターンを酒造業者の意識、行動パターンと彼らを取り巻く環境との関係に着目して分析してきた。以下では伝統的な産業に従事する人々の中で日常的、当たり前、合理的と考えられている価値や慣習を超えて、彼らが革新的な行動や意思決定を行ない得た要因について制度的、地域的側面からの考察を行なう。

2.1　組織、集団における制度的視点

　G. ホーマンズは、慣習は「恒常性からの離反」が抵抗にあうことによって存続すると、制度の継続性について述べている（Homans 1950＝1959：

310)。人々の行動や価値意識に影響を及ぼす規範は、ひとたび多くの人に共有され制度化されると、規範に抗い難くなり、異なる行動や価値意識をもつことは困難になる。長らく「当たり前」と考えられ、その行為や事実が繰り返されるとさらに価値が付与されていく傾向がある[1]。

制度に関する研究の中でスコット[2]は経済学的な制度に関する議論では、合理的選択行為に注目が集まりがちであり、社会学では制度的要因を重視するあまり、経済的合理性による行為をあまりにも軽視しすぎてきたとして、組織を取り巻く市場経済に合理的に対応することが要求される環境を「技術的環境（technical environment）」、社会的・文化的な制度に対応することが要求される環境を「制度的環境（institutional environment）」と呼び、これらの環境は対立的ではなく直交し、程度の違いとなって組織の環境をなすとしている（Scott and Meyer 1991：124；Scott 1995 = 1997, 2001）[3]。さらに最近の研究では、競争的な市場からくる合理性の要請よりも、これを制度的な環境が覆い包む傾向が見られ、制度的環境が技術のあり方を規定する傾向が認められるようになっている（Scott and Cole 2000）。

そして制度的要素に着目し、組織間で制度の普及による「同型性（isomorphism）」が起こっていることを示したのは、ディマジオとパウエルである（DiMaggio 1983；DiMaggio and Powell 1991）。彼らは多様なアクターによる組織フィールド（第1章第2節参照）において組織が同型化する現象を(1)「強制的同型性」、(2)「模倣的同型性」、(3)「規範的同型性」という3つのパターンで示した。強制的同型性は、各組織が依存している組織によってもたらされるような場合を指す。模倣的同型性は、不確実性が高い時、成功している他の組織が模倣されるような場合を指す。そして規範的同型性は、同業者同士での行動基準の共有といった仕事の専門性に関わる志向や振る舞いなどを指す。ディマジオとパウエルの議論は組織の同型性について述べたものであるが、経営者の意思決定は組織構造に強く影響を及ぼすため、ここでは組織の同型性だけでなく、経営者の意思決定および企業行動の類似性も議論に加える。

本書で何度も述べてきたように酒造業への政府の介入は非常に強力であり、規制が常に彼らを拘束してきた。第5章で例をあげた酒造組合は、政府、自治

体が強制的に全国の酒造地に設置させた組織であり、まさしく1つめの強制的同型性といえる。また米の制度も政府が強力に統制してきた歴史があり、その入手ルートもルールに則ったものであり、これも強制的同型性といえよう。

2つめの模倣的同型性は、たとえば第3章では「山田錦」が消費者に人気のブランド米としての地位を確立すると、伏見酒造組合や他地域の酒造組合もそれを仕入れて消費者のニーズに応えようとしつつも苦慮していた例を示した。あるいは第6章では酒造技術者同士の情報共有規範により、成功例として評価された酵母はインフォーマルに共有され、翌年には企業を越えた技術者間のネットワークに乗り、瞬く間に全国的な流行となることも示した。ことに高額の原料米への重責と酒造技術の不確実さから、強度の緊張状態に直面し続けている酒造技術者にとって、成功例として実績のある酵母は渇望するものであり、彼らはその酵母を模倣することで不確実性の縮減に努めたいと考える（第6章にも示したように、彼らは仕上がりへの指示の違いや米の条件もそれぞれ異なるため、醸造で失敗する確率は減少できるが、酵母の共有だけでは同じ酒を再現することはできないことを知っている）。その他にも現在では大河ドラマに因んだ酒の発売や大学との連携による商品も各社から出ており、模倣的同型性は一般的に見られる。

そして3つめの規範的同型性であるが、外部の環境からは「手造り感」「杜氏の酒」「伝統的」といった役割期待が強く働く分野であることから、丁寧さや伝統にこだわる行動パターンが見られる。伏見の酒造技術者たちは大学院での高等教育を修了し、学位をもつ研究者から長年の経験と勘による高齢の杜氏までおり、専門職[4]、準専門職、専門的職業、職人というようなグラデーショナルな職業表現がなされる人々による職業人集団を形成している。彼らは「酒造り」を行なう上での技術と酒造りを担う者が志向する態度や行為基準を共有している。しかし、その一方で「酒屋万流」といった専門性が最も問われる技術において各自の造り方があることも認知している。

そしてわれわれは伏見の酒造家たちが組織間で規範的同調圧力を強く感じていたなら起こりえなかった進取的な行動も見てきた。近代的な機械を導入した月桂冠、澄んだ清酒が是とされていた時代ににごり酒の開発に挑んだ増田徳兵

衛商店他の行動は、専門性による規範に従った意思決定の結果による同型性の議論では説明し難い。

これに関連することでディマジオとパウエルは、論文「鉄の檻　再訪」の仮説 A−1 において、他の組織への依存度の高さが組織の構造や風土の類似性を起こすが、依存していない組織からは同型性の圧力を受けにくいと述べている（DiMaggio and Powell 1991：74）。彼らはウェーバーの『プロテスタンティズムの倫理と資本主義の精神』（Weber 1905 ＝ 1989）を引用して、本質から乖離した制度に対して「依存的な個人、組織」による「合理的選択」として悲観的な視点で人々を分析している。実際、近年の経済危機は、アメリカ型資本主義的な行動パターンを是とする人々の同型化の結末であるといえよう。しかし、この視点は非常に「依存的な人間像」が描かれており、制度化された行為を自ら（肯定的にも否定的にも）逸脱する人間像はとらえ難い。われわれが観察した伏見の酒造家たちの行動パターンには、制度に翻弄されつつ、時にはリスクが少なそうに見える常軌的なパターンから外れることを厭わず、自ら決心して新しいことを行なう姿が見られた。もちろん、この地域の酒造家たちの行動にも不確定要素が多い中、模倣はリスクが減少すると「信じられて」行なわれる行動も見受けられるため、彼らもまた制度から完全に自立的というわけにはいかない。そのため、この同型性の議論によって、強制的な規制での同型性や不確定要素が大きい状況下での模倣による同型性が多くなることは説明できる。しかし米の作況、解明されきっていない発酵技術、流行情報に左右されやすく観念的な影響を受けやすい消費者の嗜好への対応など、不確定要素が大きい中でも発生する革新的な彼らの行動については説明が困難である。したがってわれわれは伏見の酒造家たちの行動パターンについて、ディマジオとパウエルの同型性の理論に加えて、他の論点からも説明する必要がある。そこで以下ではアクターによる環境への働きかけについて議論を進める。

2.2　制度化された社会から起こる革新

スコットはデュルケムやウェーバーの制度に対する議論を高く評価しつつも、C. クーリーの社会的環境から受ける影響に対する研究を取り上げ、受動

的な人間像に留まらず、「個人はいつも、制度の結果でもあり原因でもある」という議論に関心を向けている（Cooley 1909 = 1970 : 247）。クーリーは人々の中に無意識となっている心的習慣や行為習慣に着目して制度について考察し、行為者が環境から影響を受けるだけの受動的な存在であるだけではなく、形成因でもあることを指摘している。さらに「制度は社会構造のうち成熟し、特殊化し、そして比較的硬化した部分である」（Cooley 1909 = 1970 : 250）としつつ、人々がそれに従い同調すること、伝統を築くことは同じことを継続させるだけでなく、同調や正統を成り立たせている連帯が革新や異端の基礎になると述べている。つまり同調や正統性を認める制度化された社会の中から革新や異端が生まれてくる要素があるというのである。スコットは、組織がディマジオとパウエルらのいうような制度的環境から影響を受けるだけでなく、環境を変えるアクターにもなり得るとして、トップダウン的制度化（たとえば、成功モデルを外部環境において観察して模倣するような場合）とボトムアップ的制度化（たとえば、公式に決められたルールが非公式なルールに再解釈され、法制度が実態をとらえていないような場合）について述べている（Scott 1995 = 1998 : 227-228, 2001 : 195-196）。

　確かにわれわれは正統性を与えられて制度化された規範に従属するだけでなく、時折、それに依らない革新的な事柄が生まれ出ることも経験している。伏見酒造業ではその長い歴史の過程でさまざまな革新が起こっている。京都には日本の老舗の多くが集中するが、どの企業をとっても革新なくして同じことを繰り返すだけで継続してきた企業はない。そしてわれわれは、「伝統」という「継続性」と「革新」という「型にはまらない」考え方や行動が伏見酒造業で展開されるには、その背景に必然性があるのではないかと考えた。ある物事の要件が整った状況下で、人は革新に対する必然性を感じるだろうか。伝統産業は長い継続の中で、革新を起こす必然性、あるいは革新を起こさなければ生き残れない危機的状況を乗り越えた経験をもつ。内発的な動機づけによって生み出される発明、発見もあるが、必然性は革新が起こるための重要な要素であることは間違いない。第5章で示した政府に対して制度の変更を強く働きかける酒造家たちの事例からは、人は環境に適応するだけなく、自ら環境を変える

ために働きかける存在、制度を変えるアクターにもなり得ることがわかる。第4章で示した進取的な酒造家たちの独自行動はまさしく革新的なものばかりであった。今や大企業における四季醸造やにごり酒は特異なことではなく、一般的な出来事として受け入れられている。

このような先駆的な酒造家の行動は他地域でも見られるだろう。しかし、社運を賭けての大胆な行動が何社にもわたって見られるというのは、当地の集団特性ではないだろうか。彼らのとった行動は、P. セルズニックが制度的視点で分析したテネシー渓谷開発公社（TVA）の研究[5]やリーダーシップ研究であげられている「臨界的決定（critical decision）」という概念で表すことができる。これは彼らの英断（臨界的決定）が制度化された規範（常軌的な「当たり前」）を壊し、新しい「当たり前」を作り出すことを表し、それはまさしく新しい制度の始まりなのである。そしてリーダーシップは「常軌的決定（routine decision）」の際には不要であり、臨界的決定をしなければならない時に重要だと述べている（セルズニックは臨界的決定の必然性は頻繁に訪れるものではなく、長期間のうちのわずかな機会に遭遇すると述べている）(Selznick 1949, 1957 : 53)。

また、酒造家の意思決定は必ずしも経済的合理性だけに依拠して行われるのではなく、別の制度的な「正しい」と信じられていることのために行なわれることがある。たとえば、老舗企業としての誇りは、経済的合理性を越えた意思決定をリーダーに行なわせることもある。冒頭で示したように清酒の製成数量は減少傾向にあり、清酒業界は決して順調とはいえない状況にある。中には100年以上継続した老舗ながら苦渋の選択で蔵を閉じ、マンション、駐車場経営に転じた酒造家もいる。しかし、伝統産業、老舗の継承者としての誇りと役割期待を内面化し、清酒製造事業部門の赤字決算を他の資産収入から補填しながら、酒造部門の盛り返しに注力する酒造家もある。明らかにこれは経済的合理性を追求した行動ではなく、制度的要因による行動である。厳しい清酒製造部門の維持は制度的要因による行動であるが、現在、中小企業が注力している特定名称酒（吟醸酒、純米酒、本醸造酒）[6]の製成数量は年々増加しており、経済的合理性にも合致するようになっている。そして彼らは酒造家を中心とし

たヒエラルヒー型組織フィールドの構造を、関連業者らと共に酒造業界を支える（たとえば酒販店からの消費者の嗜好の変化への対応を求めるアドバイスの受け入れや農家との原料米の共同開発など）水平ネットワーク型組織フィールドへと変えている（詳細は補遺2参照）。

この伏見の酒造家や酒造技術者の行動パターンは、伏見だけではなく、他の地域でも時間的経過と共に起こったことかもしれない。確かに清酒製造業は国からの強い規制や消費者の嗜好の変化で消費量の減少による危機的な状況に陥ることがあるため、革新の必然性として大変強い動機がある。しかし、危機的な状況であればあるほど、不確実性の縮減を望み、「正しい」と信じられていることへの同調行動が起こりやすいかもしれない。その中で伏見の酒造家たちは、規範的な同調圧力を打破することへの抵抗感の低さ、その型にはまらない特性をもち、それはいち早い判断力、制度を変えることへの働きかけを起こさせる原動力となった。以下では彼らの態度を分析するために、伏見酒造業が集積する都市地域の企業集団の特性について考察する。

2.3 社会的環境としての地域特性と集団

伏見酒造業の酒造家集団を分析するに当たって、仕事と地域に関わる古典的集団論に立ち返ると、デュルケムの同質的な環節的社会から人口が増大して都市化した社会での多様な人々による分業化が進む有機的連帯の議論（Durkheim 1893 = 1971）、F. テンニースの親密な関係性としてのゲマインシャフトに対する機能的集団としてのゲゼルシャフトの都市社会への議論（Tonnies 1887 = 1957）、L. ワースの産業化された都市とアーバニズムの議論（Wirth 1938 = 1978）などがある。ワースの議論には、後に都市のコミュニティの存在や人口増と産業化による現象を都市社会に帰属させることへの疑義が出され、都市＝疎外され、希薄な人間関係で孤独な個人という構図ではないとされた[7]。これらの研究では諸条件や視点の違いはあるが、共通しているのは都市が農村に比べて流動的で多様性が高いことである。本書で述べてきたように伏見地域は旧京都市街の近郊にあり、当地そのものも商業都市として栄えた歴史があるため、流動性による多様性という都市的性格をもった土地柄であ

ることは容易に理解される。その上で伏見の酒造家たちの進取性について以下に考察を行なう。

　伏見酒造業が都市部にあることは、酒造家たちの行動や意識を理解する上で大変重要な要素である。フィッシャー（Fischer 1975 ＝ 1983）はワースとは異なる方法で人口密度が増え、都市化が高まるにつれて見られる「境界値（critical mass）」（人々に社会的な影響を与え得るある一定数）による「非通念性（unconventionality）」（型にはまらない、慣習などの影響を受けない）という概念で人々の行動を説明している。彼は人々に賞賛される肯定的な事柄としての逸脱行為（発明、革新）も、否定的な事柄としての逸脱行為（犯罪）も農村よりも都市部の方が、従来の規範、慣習から逸脱することへの抵抗が少なく、起こりやすいと述べている。酒造家たちの進取性は、まさしく「型にはまらない」、一般的ではない大胆な非通念的行動であった。規範に同調することを強く求めるような斉一性の圧力が強ければ起こり得なかった事柄は、農村部の酒造地では頻繁に起こることではないだろう。

　しかし、彼らの特性がより強化されるのは、都市生活者という要素のみではなく、都市部であるがゆえの物理的な環境の影響も大きい。第3章で述べた通り、彼らには上質の水という酒造業にとって最も重要な要件が与えられつつも、原料米、人的資源を地域外から確保しなければならず、従来通りの方法では生存が危ぶまれる状況を打破する必然性があった。そのため都市部という集団の地域的特性だけではなく、環境適応および克服への動機づけが強く働いていることがわかる。地元供給型の杜氏を雇用している他の酒造地が、その土地特有の「秘匿的な流派」を受け継いできた歴史をもつこととは対照的に、彼らが直面した要件不足は、杜氏・蔵人集団を集めるために全国の杜氏組合との交渉を促し、酒造家たちが自ら全国各地を行脚することを求めた。その結果、彼らにとって全国各地の酒造りにおける技術、規範、慣習を取得する機会となり、伏見酒造業のみの「常識」にとらわれない考え方、つまり非通念性が強化されるという意図せざる結果となっていったのである。

　さらに境界人は複数の文化間での葛藤で取り上げられることが多いが、肯定的にその特性が発揮される場合は、「自らの文化的マージナリティ（境界性）

を生かし、現実に主体的に対応していく場合には、特定の文化に完全に同化している人間にはなしえない創造性・革新性が示されることがある」といわれている（濱嶋他 1993：364）。伏見のように多様な文化が集結する土地に住み、さらに自ら全国を回るような人々は、擬似的に境界人のような多様な情報を知ることになる。このことは換言すれば、同質的で内部情報に留まりがちな集団には革新が起こりにくく、外部情報を取り入れやすい集団には革新が起こりやすいといえよう。

多様な人々による革新的な創造性については、クリエイティブ・プロフェッションの台頭として、ボストン地域のような保守的な所ではなく、サンフランシスコ近辺のようなボヘミアンや移民が多く居住することを受け入れ、多様性の高い地域にこそ創造性の高い人々が生まれているという研究がある（Florida 2001）。そしてクーリーは J.G. タルドの『模倣の法則』（Tarde 1895 = 2007）の影響を強く受け、「革新や保守は年齢や活力の相違から独立した公衆の習慣」（Cooley 1909 = 1970：257）であるとしており、革新への外的刺激と集団の連帯による同調、伝統的正統性の関係について議論した。この点から伏見は都市部であること、全国各地の杜氏組合との交流の中で、単一の流派の地域以上に情報が多く入り、外的刺激を受けやすかったといえる。多様な人々によるこの集団は、規範的同調の圧力が弱く、独自行動をとる成員が多く、他の成員の革新的な行為を目の当たりにすると、さらにそれが他の成員にとって無意識にモデルとなるのかもしれない。大胆な行為への動機は、集団内の他社の臨界的決定が潜在的、顕在的に参考になる、つまり革新は外的刺激と集団の特性―常軌的行動からの逸脱への抵抗感の低さ―および成員間の模倣によると考えられるのである。

3　まとめ

以上、社会的環境と伏見の酒造家の相互作用について、ディマジオとパウエルの同型性の議論への適合性を検討したところ、強制的同型性、模倣的同型性については該当する事例があったが、規範的同型性は該当しない部分が認めら

3 まとめ

れた。酒造業には国の規制が強く働くため強制的同型化、また不確実性が高いため成功例の模倣的同型化が起こりやすい。しかし、伏見はフィッシャーも述べているように流動的な都市部ゆえに規範への同調圧力が弱くなりがちであり、規範的同型化は起こりにくいといえる。そして都市的環境は伏見酒造業に多くの苦難を与え、その環境での生き残り策を彼らに求めた（環境への働きかけも含む）。その一環として彼らが全国に人材と原料米を求めたことは、図らずも外部情報の収集に役立った。都市部の多様な成員が多様な情報を得たことは、地元のみの常識にとらわれない非通念性をさらに強化し、時として革新を起こすような臨界的決定を行なう進取性を育むという、意図せざる結果をもたらしたのである。強制的同型性、模倣的同型性に加えて、非通念的で自立的な酒造家たちの選択行為は、スコットのいうトップダウン、ボトムアップの循環的な関係が環境と組織の間にあることを示すものである。伏見の技術革新を推し進めた技術的環境は、進取の精神を生み出していった制度的環境に支えられていたといえる。この知見を「制度的環境が技術のあり方を規定する」という R. コールと W.R. スコットの知見に重ねて敷衍するなら、伏見の伝統と都市的地域特性の中で育まれた酒造家による革新は、制度理論が強調するオープン・システム（組織が環境と相互作用する過程）[8]に求められるであろう（Cole and Scott 2000）。

また酒造技術者間の関係と行動様式は、インフォーマルなネットワークの上に成り立っており、企図して技術的環境に対して組織行動を起こしたというより、技術者同士の互酬性から行なわれてきたものである。その中で、彼らのネットワークは伝統的な技術と科学的な技術の融合およびその受け入れという社会的・文化的環境を準備し、これが伏見の技術に関する情報共有規範（模倣を許容する文化）という制度的環境を新たに構成し、この制度的環境もまた技術的環境を規定し、技術革新を支えたといえるのである。

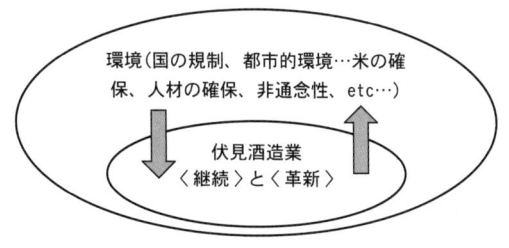

図7-2 伏見酒造業と環境の相互作用

環境（国の規制、都市的環境…米の確保、人材の確保、非通念性、etc…）
↕
伏見酒造業〈継続〉と〈革新〉

ただし、伏見の場合、国の規制への抵抗といった集団行動によるボトムアップだけではなく、各企業が生き残りをかけて個々で行なった進取的な意思決定も多かったため、集団による変革を企図して行なったものだけではない。彼らの行動は、これまで示した強制的同型性、模倣的同型性、規範的同型性というトップダウン的な環境との関係性、国の規制への抵抗というボトムアップ的働きかけもあったが、それ以外にも各社が不利な条件を自ら克服しようと環境に働きかけた進取的行動パターンもある。したがって伏見に見られた革新は、これまでの制度論の知見に加えて、彼らを取り巻く制度的、技術的環境的条件への対応が、意図せざる結果として進取的な集団特性を育み、新たな制度的環境を創り上げたという潜在的順機能による例といえるだろう。そして制度的環境へ働きかけようとする進取的な彼らの行動や規範もまた制度化されたものといえる。つまり A という制度的環境への働きかけや相互作用は、彼らに制度化された B という進取的な制度的環境と動的に関わり、意図せざる結果につながっているのである。そこでわれわれは複数の制度が動的に関わりあって展開される状態を「制度化の動的重層性」という概念で示し、伏見酒造業の発展パターンを規定する要因と結論づけたい。以上、京都・伏見の事例は伝統と革新に関する重要な制度理論のインプリケーションを含んでいるといえるのである。

　近年、食品管理法の緩和により、米の流通制度に変化が起こっており、組合に求められてきた機能が、かつての過剰に厳しい制度があった頃から徐々に縮小し、自由度が高まり、これにより組織間の連帯の必然性が減少してきている。国により自律性を奪われるような過剰介入の制度の中での秩序に慣らされてきた酒造業界には、今後、自律的な秩序の形成が課題として投げかけられている。L.G. ザッカーは組織における脱制度化（制度が維持されない）について人々が慣習や信念を効果のないものと考えるようになる要因について言及しており（Zucker 1988）、脱制度化をどのように乗り切るかが、今後の酒造業界には大きな課題なのかもしれない。

　最後に、タルドは「発明の法則は本質的に個人論理に属しており、模倣の法則は部分的に社会論理に属している」（Tarde 1875 = 2007 : 495）と述べ、発

明が不可逆的な一連の段階をたどる必要性があるのに対して、模倣はそれと同じ段階をすべてたどる必要はないとしている。そして「どのような発明や発見も、たいていは他人から伝えられた過去のさまざまな知識が個人の頭のなかで合流することによって起こるという事実を忘れてはならない」（Tarde 1875 ＝ 2007：495）と強調している。果たして伏見調査でいろいろなことを知り得たわれわれもまた、伝統や模倣の蓄積の上に成り立った発見をしているのであろう。

注
1 　たとえば酒造業では、毎日、酒を見続けている社員より、半年間に集中して酒造りを行なう季節労働者であった「杜氏」の方が高く評価され、その名称が神話化され、現在では製造部長を「杜氏」と呼ぶ企業も多い。これには、季節労働者の杜氏が主流であった時代、酒造業務に社員はほとんど関わることができず、仕上がった酒の夏期のメンテナンスに従事していたため、杜氏の酒造りの技術が重視されていた。現在では社員が1年を通じて酒造りに従事しており、杜氏以上に酒を観察し続ける期間も長いため、酒造技術が劣る訳ではない。しかし、いまだ消費者には「杜氏に吟味された酒」が上質というイメージが抱かれるため、製造部長が造り手のリーダーという意味で「杜氏」と呼ばれることが多くなっている。
2 　制度に関する研究が多数ある中、スコットは社会学における制度的アプローチを3つの系譜から分類している。1つめの系譜のクーリー、パーク、ヒューズ、フレイドソン、アボットらは、個人と制度の間、自我と社会構造との間における相互依存を強調する。2つめはデュルケム、ウェーバー、パーソンズ、ディマジオ、パウエルに至る系譜であり、唯心主義的、主意主義的な個々人の主観の集合が人々の客観性を形成し、「客観的」と考える信念の共有による拘束性、模倣性などを指摘する立場である。3つめはミード、シュッツ、バーガーとルックマンらによる「社会的現実」の形成に着目する認知的要素を強調するものである。これら社会学における制度的観点からの分析は人々にとって「当たり前」「客観的」と受け入れられる考え方の普及やそれに拘束される人間像を描くものである（Scott 1995 ＝ 1998）。
3 　横山はスコットのモデルを用いて愛媛県の行政組織、デパート、市民センターと制度的環境の関係を分析している（横山 2001, 2005）。
4 　専門職の定義は、どの職業が専門職の範疇に入るのかという差異化の議論が長年にわたって行なわれてきたが（藤本 2005）、本書は定義を議論することを目的としておらず、またその議論は不毛であるとする研究者もあるため（中野 1981）、広義の表現を用いる。
5 　テネシー渓谷開発公社の行政組織と地域住民との関係性が変化していく様を制度的視点から分析した研究。
6 　特定名称酒は国税庁「『清酒の製法品質表示基準』の概要　1　特定名称の清酒の表示」により次の8酒類に分類されている。(1)吟醸酒（原料…米、米こうじ、醸造アルコール、精米歩合…60％以下）、(2)大吟醸酒（原料…米、米こうじ、醸造アルコール、精米歩合…50％以下）、(3)純米酒（原料…米、米こうじ、－）、(4)純米吟醸酒（原料…米、米こうじ、精米歩合…60％以下）、(5)純米大吟醸酒（原料…米、米こうじ、精米歩合…50％以下）、(6)特別純米酒（原料…米、米こうじ、精米歩合…60％以下）、(7)本醸造酒（原料…米、米こうじ、醸造アルコール、精米歩合…70％以下）、(8)特別本醸造酒（原料…米、米こうじ、醸造アルコール、精米歩合…60％以下）
7 　なお、都市社会学では都市と農村という二項対立的な視点だけでなく、都市部の中でも都市の中

心部と郊外住宅地との地域特性の違いをアーバニズム、サバーバニズムとしてその違いが示されているが、伏見酒造業の場合、現在、京都市ではあるが、位置づけとしては郊外型工業地域として発達した経緯があるため、サバーバニズムではなく、都市型産業としての特性があるといえよう。
8 　横山によれば、制度理論が強調するオープン・システムとは「組織が絶えず相互作用をし、予測や統制ができない影響力に依存し、自然に組織様式が成立する過程」であり、「組織の不確実性を前提とする」立場である（横山 2005：40）。

エピローグ　伏見酒造業の現在

　最後に伏見酒造業の現在について紹介しておこう。1970年代半ば以降、特に平成不況以降の清酒製造業全般の長期的な低落傾向の中で、伏見酒造業も長期にわたって厳しい逆風にさらされてきた。しかしながら伏見における清酒製成数量の減少幅は他産地に比べて緩やかであり、当地の産業構造に占める酒造業の比重は依然として大きい。これまでの議論から明らかなように、伏見の酒造家たちは、度重なる苦難の経験を通して環境変化への耐性を確立するとともに、集団の同調圧力の弱さゆえにそれぞれが独自に俊敏で進取的な行動を見せてきたが、こうした集団特性が今でも発揮されている。

1　現在の酒造業者の行動

　第5章で示したように、伏見の酒造家たちは昔も今も一枚岩ではなく（出自、創業年数、発展軌跡、企業規模、経営方針などさまざまな面において多様である）、平時には集団全体の協調に重きを置かないが、集団全体の利害が一致する場合には、すみやかに協調行動をとっている。近年の酒造家たちの協調行動の例としては、地酒ブームの中、府外からの調達米が多かった伏見酒造業にとって悲願の京都府原産の酒造好適米である「祝」の復興に関する取り組みをあげることができる。

　その一方で、伏見の酒造家たちは各自が自らの判断と責任の下でさまざまな活動に取り組んでおり、こうした独自行動は規範的な圧力に抑制されることはない。清酒事業の赤字を埋め合わせるために、多くの酒造家たちが清酒以外のアルコール飲料（焼酎、梅酒など）の製造・販売、清酒および副産物を利用した嗜好食品・健康食品・化粧品などの製造・販売、飲食店経営、バイオ事業などに着手するようになっている。それだけでなく、原料から販売まで旧来の酒

造業のあり方を根本から見直し、清酒製造・販売の新しい形を模索する取り組みも一部の酒造家の間で見られるようになっている。このような新しい取り組みにおいて重視されているのが原材料生産者や流通業者、消費者との直接的な関係構築である。元来、酒造業者にとって、一般消費者や料飲店はいうまでもなく、農家や酒販店も"顔の見えない"存在であった。高度経済成長期がもはや遠い過去となり、少品種大量生産より多品種少量生産が求められ、商品の個性や安全性がことさら重視される現在においては、ますます多くの酒造業者が、自社商品の差別化（付加価値の向上）、コストの削減、新たな市場の発掘などといったさまざまな目的のために、農家、酒販店、消費者との"顔の見える"関係の構築を模索しており、伏見の酒造家たちも例外ではない。

また清酒消費量の減少、杜氏・蔵人の高齢化や減少は酒造家だけの問題ではなく、酒造技術者にとっても大きな問題であるため、彼らも自ら酒造業振興に努力している。第6章で示したように、全国的に出稼ぎ杜氏が消滅しつつある現在、彼らは「社員杜氏」として責任をもって酒造りを担える人材に成長すべく、高い向上心をもっている。かつて「酒屋万流」といわれ、多様な流派の造りをする杜氏が訪れた頃は、各社それぞれの造り方で行なわれてきたが、現在は科学的に解明された部分の共有や、まだまだ手に負えぬ発酵技術に関する技術や知識の共有を積極的に行なっている。多様な条件下で失敗しないための技術は、公式の勉強会や有志によるいくつかの情報交換会などで、企業、流派を越え、伏見に適した合理的な造り方が共有されつつある。

2 "モノ申す"周辺アクターの台頭

先述のような農家や酒販店との間で構築される"顔の見える"関係は酒造業者に対してさまざまなフィードバックをもたらす。農家との直接のコミュニケーションにより、酒造業者は、その時々の原料米の出来具合や特徴に関する確実な情報を得る。また、酒販店との直接のコミュニケーションにより、酒造業者は、その時々の消費者ニーズの変化に関する確実な情報を得る。近年、酒造業者に対して自主的に情報提供を行ない、時には苦言をも呈するような農家

や酒販店が増えつつあり、その背景には、農業と酒類販売業のそれぞれにおいて従来の仕組みが急激に崩壊していることへの危機意識の高まりがある。

こうした"モノ申す"周辺アクターの出現により、一部の酒造業者を取り巻く産業連関構造がヒエラルヒー型から水平ネットワーク型へとシフトしつつある。従来のヒエラルヒー型では酒造業者が主体となって清酒製造業を牽引していたのに対し、水平ネットワーク型では酒造業者が"モノ申す"周辺アクターとともに清酒製造業を支える立場になっている（以上の伏見酒造業の現況については補遺2で詳しく述べる）。

3　酒文化の存続、発展のために

伏見では中小企業が大企業に淘汰されることなく、それぞれ独自の行動を見せており、近年では上記のように"顔の見える"関係の中で多くの中小企業が少量ながら個性的で高品質な酒造りを展開している。その一方で、大企業も伏見酒のブランド維持や酒造りに関わるさまざまなコストの軽減といった点で重要な役割を果たしており、その意味で大小それぞれが伏見酒造業の発展に必要不可欠な存在である。

現在、清酒製成数量が減少する中、特定名称酒と呼ばれる高級酒への需要は増加している。中小企業は経済酒から特定名称酒まで製造する大手企業との差別化を図り、経済酒を減産して高級酒を増産する傾向にある。清酒の愛好家からは、大手企業の提供する経済酒への痛烈な批判も聞かれるが、少量の高級酒だけでは廉価な清酒を求めたい人には提供されなくなり、また、経済酒の製成数量が減少してもその分、高級酒に置き換わるのではなく、他の酒類がそこに流入するだけだろう。清酒業界全体の販売量が減少すると流通、販売、広告とさまざまなコストが高くなり、清酒はますます消費者の手から遠ざかるかもしれない。大手企業が生産する経済酒や外国の人々の嗜好に合わせた現地生産の清酒は、少量の高級酒以上に外国で清酒の知名度向上、市場拡大に貢献している。海外には中小企業の高級酒を求める愛好家もいるが、広い地域に供給できるような供給量ではない。そのため清酒の普及という意味でも中小企業と大手

企業は対立する関係ではなく、共存しながら清酒の発展に努力している。

現在、日本人が飲むさまざまな酒類の中で清酒がもつ文化的・歴史的意味は非常に大きい。"日本酒"という別称がそのことを如実に物語っている。現在のような清んだ酒の製造方法が普及するのは16～17世紀のことであるが、米と水を原料とした酒の醸造そのものは古代に始まる。清酒は日本文化の発展とともにあり、神事や祭事をはじめとするさまざまな文化的要素と連関しながら発展してきた。古来、清酒にまつわる神話や文学作品は枚挙にいとまがない。江戸期以前において米は、人口の大多数を占める農民にとって日常的に食するものではなく、税として権力者に献上するものであった。そのため、米を用いる酒は、特別なハレの日にだけ飲まれる貴重品であり、酒を飲めること自体が一種のステイタスシンボルでもあった。明治期以降、徐々に大量生産化が進む中で、清酒は一般庶民にとっても身近なものになり、職場での宴会用、家庭での晩酌用、家庭料理の調味料など日常生活において欠かせないものとなった。このように、清酒は単なる工業製品ではなく、高度な文化的価値を備えたものである[1]。

近年の若者の酒離れは清酒だけに限らないが、われわれは日本のさまざまな伝統と深くかかわってきた文化的価値の高い清酒が、今後も発展、継続することを願ってやまない。

注
1　清酒の文化的価値について詳しくは坂口（1964）、小泉（1992）、荻野編（2005）を参照されたい。

補遺1　関連業者の特性

本書は酒造家の集団特性に関する議論を中心としており、その関連業者については多くを述べなかったが、酒造業全体の特性を理解するうえで重要な意味をもつので、補遺として(1)原料および補助材料、(2)機械、(3)容器および包装用品、(4)流通および広告、(5)副産物という項目に沿って酒造業を取り巻くさまざまな関連業者の特性を示しておく。

1　原料および補助材料関連

酒の原料は基本的に水と米である。水は酒造りに不可欠であり、その良し悪しは酒質に大きな影響を与える。伏見にせよ、灘にせよ、銘醸地には必ず良質な地下水があり、水に関わるさまざまな専門業者がある。かつて伏見には多くの井戸採掘業者が酒造場に出入りし、今でもその流れを汲む土木業者が少なくない。また、かつては酒造場で働く杜氏集団の中に「水屋」と呼ばれる水運搬専門の労働者がいたが、酒造業の近代化の中で姿を消していった[1]。

水同様、米も酒造りに不可欠であり、その良し悪しは酒質に大きな影響を与える。原料米を生産するのは農家であり、その流通を担うのは農協や商社である。原料米流通システムの移り変わり、酒造業者と農家や農協との関係の変遷については第3章および補遺2を参照されたい。米に関わる副次的な業者としては、仕込み前の精米工程の担い手も重要である。かつて杜氏集団には、醸造に関わるグループとは別に精米工程だけに特化するグループ（「精米杜氏」）がおり、それぞれが別個の流派によって担われた。しかし、高度経済成長期以降、季節労働者の高齢化・減少が進む中で精米杜氏も徐々に酒造場から姿を消すようになり、現在ではほとんどの酒造業者が精米工程を農協などに委託している。

清酒製造に使用される副原料としては、種麹、酵母、醸造用アルコール、醸造用糖類などがあり[2]、それぞれに専門業者がある。種麹(または「もやし」)は、麹造りに使用される麹菌の胞子のことである。この麹菌は酒だけでなく味噌や醤油などの製造にも使用され、種麹製造業者は全国の酒造業者や味噌、醤油製造業者などに種麹を乾燥製材の形態で販売している。厳密には、"麹の種"を製造・販売する「種麹屋」と麹を製造・販売する「麹屋」とは異なる業種である。麹屋は全国各地に何千軒も存在するのに対して、種麹屋は圧倒的に数が少なく、日本全国で10社にも満たない。種麹屋の代表例としては、京都の株式会社菱六、神戸の今野もやし株式会社、大阪の株式会社樋口松之助商店、愛知の株式会社ビオックがあげられる[3]。

京都の種麹業者　菱六

酵母は、麹が産生した糖をアルコールと炭酸ガスにつくり変える微生物のことであり、清酒製造に用いられる酵母は「清酒酵母」と呼ばれる。現在、清酒酵母のほとんどが財団法人日本醸造協会の「きょうかい酵母」で占められている。醸造元が自社独自に開発して使用している酵母は「自社酵母」と呼ばれる(荻野編　2005)。伏見では多くの酒造業者が至近距離にある京都市産業技術研究所工業技術センター(旧・京都市工業試験場)から清酒酵母の培養技術と分譲に関する研究・技術指導サービスを受けている[4]。

醸造用アルコール(酒精、エチルアルコール)[5]は、もろみの仕上がり時に増量、香味の調整、腐敗菌増殖防止などのために使用される(荻野編2005)。第二次世界大戦時に醸造用糖類とともに清酒製造に使用され始め、戦後初期に政府の推奨の下で大量使用されるようになった。そのように仕込まれた酒は、

米と水だけで醸造される純米酒の3倍量となったため、「三倍増醸酒」（略して「三増酒」）と呼ばれるようになった。アルコールを添加すると単に量が増えるだけでなく、香りが立ち、味がスッキリしたり、「火落菌」を防いだりというメリットもあるが、近年では、清酒への醸造用アルコールの使用量が減少の一途をたどっている。醸造用アルコール製造業者の代表例としては、宝酒造や協和発酵株式会社があげられる。

醸造用糖類は、ブドウ糖（トウモロコシや芋の澱粉が原料）、水飴、白糠糖化液、あるいはそれらの混合液のことであり、やはりもろみの仕上がり時に増量、甘辛の調整などのために使用される（荻野編 2005）。第二次世界大戦時に醸造用アルコールとともに清酒製造に使用され始め、戦後初期に政府の推奨の下で清酒製造に大量投入されるようになった。近年の清酒業界では、醸造用アルコールと同様、醸造用糖類の使用も減少の一途をたどっており、三増酒を一切製造しない酒造業者が増えている。

さらに、清酒製造に使用される補助材料としては、活性炭や柿渋などがあり、それぞれに専門業者がある。活性炭は、新酒の濾過作業時に使用される植物を炭化させた濾材のことである。できあがった新酒は1週間ほど放置されてから、滓を沈殿させて下から引き抜く「滓引き」が施され、その後に清酒に不要な残存物を除去する濾過作業が行なわれる（荻野編 2005）。

柿渋は、熟す前の渋柿の実を搾り、発酵・熟成させたものであり、主成分のカキタンニンと呼ばれる特殊なフェノール化合物には防腐効果がある。清酒業界では古くから柿渋を酒造用具（樽、桶、酒袋）に塗る防腐剤として、あるいは新酒の清澄剤[6]として広く使用してきた。今日の清酒業界では、柿渋は一般に清澄剤として使用されており、それが防腐剤として使用されることはなくなっている。伏見には、安土桃山時代より400年以上にもわたって暖簾を受け継いできた老舗柿渋業者の株式会社西川本店があり、古くから当地の酒造業者と取引を行なってきた[7]。

2　機械関連

　清酒製造現場の機械化は、明治半ば頃から昭和初期にかけての時期に徐々に進み、第二次世界大戦後に劇的な展開を見せた。高度経済成長期の頃には、多くの酒造施設において製造工程（精米、洗米、浸漬、蒸し、製麹、酒母づくり、もろみづくり、上槽）（第2章の図2-6を参照）とその後の容器詰工程のあらゆるプロセスに電動式機械が導入され、酒造りが連続化・自動化されることになった。厳密には機械業者には大きく分けて機械の製造・メンテナンス業務に携わる業者（通称「機械屋」）と中古機械や機械部品などの仲介業務（"商社"的役割）に携わる業者（通称「用品屋」）の2類型がある。伏見にはかつて林田機械株式会社という機械業者が存在し、多くの酒造業者に出入りして酒造施設の機械化を支えた。しかし、1970年代末に廃業となり、その後は、同社に勤務した技術者たちがそれぞれ独立し、地元伏見の酒造業者に対して機械の製造・メンテナンス業務ならびに中古機械や機械部品などの仲介業務を行なってきた。全国展開する醸造機械業者の代表例としては、神戸の永田醸造機械株式会社や明石の薮田産業株式会社があり（灘を擁する兵庫県内に集中）、灘・伏見をはじめ全国各地の酒造業者と取引を行なってきた。なお、機械業者と酒造業者の間では機械の売買やメンテナンスに関する取引関係だけでなく、双方向的なヒトの移動も見られ、酒造場勤務経験をもつ技術者が機械業者に雇

蒸米機　　　　　　　　　　　　放冷機

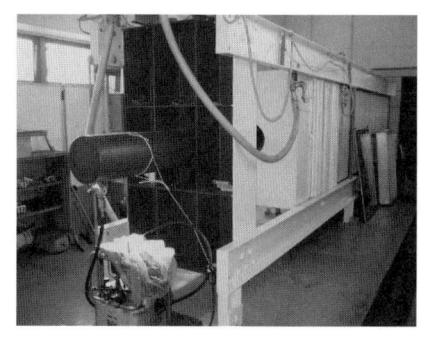

発酵タンク　　　　　　　　　　　　圧搾機

用される場合や、機械業者の社員が冬季のみ酒造場に勤務する場合がある。さらに、機械業者（特に用品屋）は、全国各地の多くの酒造業者に出入りし、ビジネスに関わるものからパーソナルなもの（たとえば縁談の仲介）まで、業者の間をつなぐインターフェースの役割を果たすこともあった[8]。

3 容器および包装用品関連

　完成した清酒を入れる容器としては、樽、瓶、紙パックなどがあり、それぞれに専門業者がある。かつて清酒容器といえば、杉材でつくられる酒樽であった。しかし、大正期以降に酒瓶が普及すると酒樽の需要が低下し、それに伴って樽業者の数も減少してきた。伏見でもかつては多くの樽業者が存在し、当地の酒造業者と取引を行なっていたが、樽の需要縮小や樽職人の後継者不足などを背景に、樽業者の廃業が相次ぎ、現在では西村商店（1923（大正12）年創業）だけが昔ながらの樽製造を行なっている[9]。

　1909（明治42）年に一升瓶（1.8ℓ瓶）が開発され、大正期に普及し始める。そして、戦後には瓶がほぼ完全に樽に取ってかわった。厳密には、瓶業者は、新瓶製造業者と洗瓶業者の2つに大別され（数では後者のほうが圧倒的に多い）、後者が担うのは回収した空瓶を色や形によって分類し、洗浄して再び使用できる状態の瓶にしてから酒造業者に戻すという業務である。近年では、紙パックの普及などに伴い、酒瓶（特に一升瓶）の需要が大きく低下してい

る。伏見でも大正期以降、瓶業者が増加し、当地の酒造業者と取引を行なってきたが、近年では廃業や規模縮小、あるいは方向転換に踏み切る瓶業者が増えている。1941（昭和 16）年創業のシュンビン株式会社（旧社名：京都容器光陽株式会社）は伏見を代表する洗瓶業者であるが、近年では従来のコアビジネスである洗瓶業務のほかオリジナル瓶の製造とそれに付随するパッケージサービスにも力を入れている[10]。

1970 年代より清酒容器として紙パックが使用されるようになり、経済酒領域において酒瓶に取って代わった。伏見では早くから一部の酒造業者が紙器業者と共同で紙パック入り清酒の開発に乗り出していたが、1981（昭和 56）年、国と京都府の政策誘導を背景に、当地の酒造業者 15 社が、高価な専用機械の共同購入と共同稼働によるコスト削減を図るべく、伏見清酒パック協同組合を設立している（伏見酒造組合 2001）。平成期に入ると、級別制度の廃止を背景に大手酒造業者がこぞって経済酒領域に力を注ぐようになり、2005（平成 17）年にはついに清酒全体に占める紙パック酒比率が 50％を超えた。

清酒容器の包装用品は、容器の移り変わりに伴って形を大きく変えてきた。瓶に付随する包装用品としては、ラベル、化粧箱、王冠などさまざまなものがある。近年、酒造業者の間では、自社商品の差別化のためにラベルやパッケージのデザインに強いこだわりを見せる業者が増えつつある。それに伴い、酒造業者から包装用品業者への発注量が増えているにもかかわらず、包装業者の利益はそれほど伸びていない。それは、瓶の包装が減少しているとともに、紙パック製造に包装業者が参入することができないからである[11]。

4　流通および広告関連

製品化された清酒は、輸送業者、卸売業者（酒問屋）、小売業者（酒販店）の手を介して一般消費者や飲食店へと運ばれてゆく。酒類流通システムの移り変わり、酒造業者と流通業者との関係の変遷については後の補遺 2 を参照されたい。

また、商品化された清酒の情報は、広告を通して一般消費者の目や耳に届く

ことになるが、その過程において広告代理店や各種メディアが重要な役割を果たす。清酒商品の広告に使用されるメディアは様々であるが、高度経済成長期以降に最も重要な役割を果たしてきたメディアはテレビであり、月桂冠、TaKaRa（松竹梅）、黄桜といった伏見の大手企業はテレビ CM を大いに活用してきた。近年では、インターネットも広告メディアとして、あるいは消費者への直接的な販売チャネルとして重要な役割を果たすようになっている。

5　副産物関連

　清酒の製造工程で生まれる副産物としては酒粕と米糠がある。酒粕は古くから家庭用として粕汁、甘酒などに使用されるとともに、業務用として焼酎、酢、漬物（魚肉の粕漬、奈良漬など）、和菓子などに使用されてきた。一方、米糠は「赤糠」と「白糠」に分かれ、前者は漬物用糠床、米油、肥料、飼料などに使用され、後者は白味噌、煎餅、糊[12] などに使用されてきた。伏見では古くから酒造場周辺に酒粕ならびに米糠の卸売業者、加工業者が多く見られてきた。近年では酒粕、米糠それぞれの美容効果ならびに健康効果が各方面から注目されるようになっている。

伏見の和菓子業者　富英堂

補遺1　関連業者の特性

附表 補2-1　伏見のある中小酒造業者の取引業者一覧

費目	相手先	住所	備考
主原料	主原料A社	京都市伏見区	原料米
	主原料B社	神戸市東灘区	原料米
	主原料C社	大阪市中央区	原料米
	主原料D社	大阪府八尾市	原料米
	主原料E社	大阪市北区	醸造アルコール
副原料	副原料A社	神戸市東灘区	種麹
	副原料B社	大阪市阿倍野区	種麹
	副原料C社	京都市東山区	種麹
	副原料D社	愛知県豊橋市	種麹
	副原料E社	大阪府八尾市	乳酸
	副原料F社	奈良県大和高田市	活性炭
	副原料G社	京都市下京区	酵母
補助材料	補助材料A社	奈良県大和高田市	清澄剤
	補助材料B社	京都府伏見区	清澄剤、玉渋
消耗工具・備品	消耗工具・備品A社	奈良県大和高田市	苛性ソーダ、次亜塩酸ソーダ
	消耗工具・備品B社	京都市中京区	過酸化水素、次亜塩酸ソーダ
	消耗工具・備品C社	神戸市東灘区	醸造機具
	消耗工具・備品D社	兵庫県芦屋市	醸造機具
	消耗工具・備品E社	京都市伏見区	櫂竹ほか
	消耗工具・備品F社	大阪市住吉区	フィルター
	消耗工具・備品G社	京都市伏見区	ロープ
	消耗工具・備品H社	京都市中京区	ボイラーメント
	消耗工具・備品I社	京都市中京区	天秤類
修繕	修繕A社	京都市伏見区	配管
	修繕B社	京都市伏見区	ボイラー
	修繕C社	京都市下京区	電気、照明
	修繕D社	京都府宇治市	ポンプ
	修繕E社	京都府宇治市	機械全般
	修繕F社	京都市下京区	建物全般
	修繕G社	兵庫県姫路市	もろみ冷却器
	修繕H社	兵庫県芦屋市	醸造機械
	修繕I社	神戸市東灘区	圧搾機
	修繕J社	京都市伏見区	配管
運搬	運搬A社	京都市伏見区	原酒の輸送
	運搬B社	兵庫県西宮市	未納税酒の輸送
雑費	雑費A社	兵庫県芦屋市	ろ紙、凝集剤、ほか
	雑費B社	京都市伏見区	原塩
	雑費C社	京都府宇治市	廃棄物処理
	雑費D社	京都市下京区	警備保障ほか
	雑費E社	京都市山科区	消毒用エタノール
	雑費F社	京都市伏見区	氷

附表 補2-1　伏見のある中小酒造業者の取引業者一覧

分類	業者	所在地	取扱品
福利厚生	福利厚生A社	京都市伏見区	寝具リース
	福利厚生B社	京都市中京区	作業着
	福利厚生C社	京都府宇治市	安全長靴
重油動力	重油動力A社	京都市右京区	重油
副産物	副産物A社	京都市伏見区	副産物（酒粕）
消毒	消毒A社	京都市伏見区	防鼠防虫消毒
容器	容器A社	京都市伏見区	瓶
	容器B社	大阪市鶴見区	瓶
	容器C社	大阪市北区	瓶、18ℓキュービ
	容器D社	滋賀県甲賀市	陶器
	容器E社	兵庫県尼崎市	樽、菰、杓
	容器F社	大阪市北区	紙パック
包装	包装A社	大阪市中央区	ラベル、化粧箱、包装紙
	包装B社	大阪市生野区	ラベル
	包装C社	大阪市中央区	ラベル、化粧箱、包装紙
	包装D社	大阪市天王寺区	ラベル、化粧箱、包装紙
	包装E社	大阪府大東市	王冠
	包装F社	神戸市北区	王冠
	包装G社	神戸市東灘区	王冠
	包装H社	東京都港区	ポリキャップ
	包装I社	京都市右京区	ダンボール箱、化粧箱
	包装J社	岐阜県岐阜市	ダンボール箱、化粧箱
	包装K社	京都市伏見区	ダンボール箱、ナイロン袋
	包装L社	福岡県久留米市	レーヨン紙、エスタイピン
	包装M社	京都府京田辺市	エアーマット
	包装N社	兵庫県西宮市	プラスチック箱
運搬	運搬A社	京都市南区	フォークリフト
	運搬B社	京都市伏見区	フォークリフト
	運搬C社	京都市伏見区	フォーク用ガソリン
修繕	修繕A社	京都府宇治市	機械全般
輸送	輸送A社	京都市伏見区	酒類輸送
	輸送B社	京都市下京区	酒類輸送
	輸送C社	京都市伏見区	酒類輸送
	輸送D社	大阪市西淀川区	酒類輸送
	輸送E社	京都市南区	酒類輸送
	輸送F社	京都市南区	酒類輸送
	輸送G社	京都府久世郡	酒類輸送
	輸送H社	京都市山科区	酒類輸送
車両	車両A社	京都市伏見区	営業車購入、車検
販促	販促A社	岐阜県多治見市	徳利、猪口
	販促B社	大阪市淀川区	酒燗器
	販促C社	愛知県豊橋市	半纏ほか
	販促D社	京都市下京区	提燈

174　補遺1　関連業者の特性

	販促E社	京都市伏見区	試飲コップ
販促	販促F社	京都市中京区	人材派遣
	販促G社	京都市中京区	チラシ印刷
	販促H社	京都市西京区	商標権関係

出所：伏見のある中小酒造業者より提供された内部資料をもとに筆者作成。

注
1　月桂冠株式会社元副社長　栗山一秀氏へのインタビュー（2005年10月）
2　副原料としては、他にも乳酸、酢酸、イノシン酸、グアニル酸、コハク酸、クエン酸、酒石酸、塩酸、リン酸、炭酸カルシウム、硝酸カリウム、グリセリン、ソルビット、グリシン、アラニン、イソロイシン、各種防腐剤などが使用される（荻野編 2005）。
3　株式会社菱六代表取締役社長　助野彰彦氏へのインタビュー（2005年10月）
4　京都市産業技術研究所工業技術センター研究部長　筒井延男氏へのインタビュー（2007年2月）
5　醸造用とあるが、工業用のエチルアルコールと基本的に同じものであり、単に管轄が異なるだけのことである。前者は財務省の管轄であるのに対し、後者は経済産業省の管轄である。
6　麹に含まれる酵素タンパクが火入れ後の貯蔵中にしだいに変性し、白く濁った酒のことを「白ボケ酒」と呼ぶが、それに柿渋を投入することによって、酒からタンパク質が除かれ、濾過される。なお、今日ではすでに使用されなくなっているが、木灰（植物灰）もかつて新酒の清澄剤として広く使用されていた。
7　株式会社西川本店代表取締役　西川嘉昭氏、同社専務取締役　西川嘉彦氏へのインタビュー（2005年10月）
8　有限会社京阪醸機代表取締役社長　崎山宣昭氏、同社営業部マネージャー梅田博氏へのインタビュー（2006年6月）、有限会社森川製作所相談役　小島敬一氏へのインタビュー（2006年7月）、立花機工株式会社取締役社長　立花幸雄氏へのインタビュー（2006年6月）、永田醸造機械株式会社技術営業部長　細見博氏へのインタビュー（2006年10月）
9　西村商店　西村万智子氏へのインタビュー（2005年10月）
10　シュンビン株式会社代表取締役　津村元英氏、同社営業担当マネージャー　中村栄雄氏へのインタビュー（2005年10月）
11　株式会社きたむら企画取締役社長　北村一成氏へのインタビュー（2005年11月）
12　京都近郊という土地柄から、京友禅染の補助材料として多く用いられてきた。

補遺2　伏見酒造業の水平ネットワーク

ここでは、エピローグで概略を述べた伏見酒造業の現況について詳述する。

1　酒造家たちの協調行動

　第5章で示したように、伏見の酒造家たちは昔も今も一枚岩ではなく（出自、創業年数、発展軌跡、企業規模、経営方針などさまざまな面において多様である）、平時には集団全体の協調に重きを置かないが、集団全体の利害が一致する場合には、すみやかに協調行動がとられることになる。近年の協調行動の例としては、京都府原産の酒造好適米である「祝」の復興に関する取り組みをあげることができる。「祝」は背丈が高く、栽培が難しい品種であるため、戦後には栽培されなくなっていたが、1992（平成4）年に京都府の奨励品種に指定され、再び栽培されるようになった。この「祝」復興事業は、1994（平成6）年の平安建都1200年記念事業の一環として進められた。「祝」による試験醸造を担当したのは齊藤酒造（英勲）であり、社長の齊藤透はその経緯について次のように述べている。

　　昭和の終わりの頃に京都府が京都の米で京都の酒という切り口で何か産業振興策をやると、農業と酒造業の両方にまたがった事業展開ができるということで動き出したんですね。それで、京都府立大学に保存されていた種子を亀岡の農業総合研究所で栽培して、そして、やっと小さく仕込めるっていう量になったときに、とにかく今どの蔵もこの「祝」という米を使ってないから1回どこかに酒造りさそうということになったときに、うちでやらせてもらったんですよ。そのときできあがったお酒は全部京都府と農家とわれわれの同業者に配りました。要するに、商売ではなかったん

です。なおかつ、これは普通絶対しないことなんですけれども、そのできあがったお酒はお米をどういうふうに処理して、どういうふうな造り方でこうこうしかじかっていう、レシピみたいなものを同業者に全部公開しました。同業者の代表でうちがやった仕事ですから。たまたまそのときの伏見の技術者の集まりで伏見醸友会というのがありますが、その代表者にうちの役員がなっていたからだったと思います。公平性を確保する意味からもそういうことになったと思います[1]。

このエピソードは、第 6 章で触れた 1950 年代に月桂冠の第 12 代大倉治一が自社酵母を伏見の同業他社に提供することを躊躇しなかったエピソードを彷彿させるものであり、酒造組合あるいは醸友会の代表を務める者は自社の利害だけでなく伏見全体の利害をも考慮して行動するべきという規範意識が時代を越えて継承されているようである。

2004（平成 16）年に生産された「祝」の作付面積は 84ha であり、その年に京都府内で生産された酒造好適米としては、「五百万石」（87ha）に次ぐ第 2 位にランクされていた。現在、伏見では、齊藤酒造をはじめとする複数の酒造業者が地元で栽培された「祝」を原料とした酒を製造・販売している。これは、灘地域とともに清酒生産システムの近代化、合理化を押し進め、ナショナルブランドを築きあげてきた伏見地域における"地酒回帰"の動きと読み取ることもできる。

2　酒造家たちの独自行動

2.1　"顔の見える"関係へ

その一方で、伏見の酒造家たちは各自が自らの判断と責任の下でさまざまな活動に取り組んでおり、こうした独自行動を抑制する規範的な圧力はやはり弱い。清酒事業の赤字を埋め合わせるために、多くの酒造家たちが清酒以外のアルコール飲料（焼酎、梅酒など）の製造・販売、清酒および副産物（米糠、酒粕）を利用した嗜好食品・健康食品・化粧品などの製造・販売、飲食店経営、

バイオ事業などに着手するようになっている。それだけでなく、原料から販売まで旧来の酒造業のあり方を根本から見直し、清酒製造・販売の新しい形を模索する取り組みも一部の酒造家の間で見られるようになっている。このような新しい取り組みにおいて重視されているのが原材料生産者や流通業者、消費者との直接的な関係構築である。これは、今日、酒造業に限らない食品製造業全般で広く認められることであり、その背景には、互いに"顔の見えない"生産者と消費者の間で行き交う食品の安全性に対する不安の高まりがある。従来、清酒業界では、酒造業者と原料米生産者の間が農協、酒造組合、商社といった原料米調達経路によって媒介され、酒造業者と小売業者の間が酒類卸売業者の商品流通経路によって媒介されてきた。そのため、酒造業者にとっては、一般消費者、料飲店はいうまでもなく、農家や酒販店も"顔の見えない"存在であった。高度経済成長期がもはや遠い過去となり、少品種大量生産より多品種少量生産が求められ、商品の個性や安全性が非常に重視される現在においては、ますます多くの酒造業者が、自社商品の差別化（付加価値の向上）、コストの削減、新たな市場の発掘などといったさまざまな目的のために、原料米生産者、小売業者、消費者との"顔の見える"関係の構築を模索しており、伏見の酒造家たちも例外ではない。

2.2　農家との"顔の見える"関係づくり

　まず、川上の原料米生産者との関係に目を向けると、近年、原料米流通に関する規制の緩和に伴い、自社商品の質・個性・安全性に強いこだわりをもつ酒造業者が同じ価値観を共有し得る特定の農家との間で原料米の取引を行なうケースが徐々に増えつつある。原料米生産者との"顔の見える"関係の構築といえば、やはり第4章で取り上げた玉乃光が伏見でのパイオニアであるが、近年では、さらに若い世代の酒造家たちがそれぞれ独自の取り組みを行なっている。

　近年、招徳酒造では、社長の木村紫晃が中心となって原料米の直接契約を行なっており、2006年当時、同社で使用される原料米のおよそ3割が契約農家から直接調達されていた。原料米の直接契約を行なうようになった動機につい

て木村は次のように述べている。

> 基本は、米から製品まで加工することがいいんじゃないかと考えます。我々は見方を変えれば農産物の加工業者です。米という農産物があって、それを加工して酒を造ります。米作地域では、元々が地主さんで、従業員が米を作っているという蔵もけっこうあります。京都は昔から都会ですから、わりと分業も早くから発達していました。だから、酒蔵と農家のつながりが弱い。その分、組合の組織は発達していて、非常に合理的です。それはそれで素晴らしいことであって、よそでは真似できないこともできました。しっかり組合をつくって交渉がなされて分配されてというような、それは先輩方の努力の賜物です。しかし、それ一方になってしまうと、こちら側から田んぼまで行って今年の米はどうやこうやという話までなかなか突っ込めない。それはこっちの怠慢であって、こういう怠慢はあってはいけない。やっぱり原料米がどう作られているか、我々はもっと勉強していきたいし、注文つけるところはつけていかないとだめだし、もっと良いやり方はないか探っていかないとだめです[2]。

北川本家でも社長の北川幸宏が中心となって原料米の直接契約を行なっている。原料米の直接契約を行なうようになった動機について北川は次のように述べている。

> あまりにも米のこと知らなさすぎたっていうのがありますね。もっと米のことを勉強しないとこれからはいけないと思います。どれだけ全体的に最初の原料から商品づくりまでこだわっていくのかということがないと、差別化ができないので、そうしていかないといけません。ただ、決してこれがすべてになるとは思っていません。そういう商品もありますが、そうでない商品もあります。やっぱりこれをやることによって当社全体の酒造りのレベルをちょっとでも上げたいっていうのがあります[3]。

このような契約農家との関係は経営者のインフォーマル・ネットワークを通して構築されたものであり、単なる原料米の取引関係を越えたパーソナルな交流関係である。農繁期には経営者家族や従業員が田植え、草引き、稲刈りの手伝いに赴いており、仕込み期間に契約農家の子息が酒造りの学習のために泊まり込みで手伝いに来ることもある。
　これらの企業が契約農家から直接調達している原料米はできるかぎり農薬や化学肥料を用いない有機農法で作られる米である。このような米は、食品の安全性、トレーサビリティ（追跡可能性）という今日の市場ニーズに合致しており、酒造業者にとって自社商品の差別化に有効である。しかし、有機農法は生産コストが大きく、リスクも高いため、有機米の値段は高くなってしまう。その点について北川は次のように述べている。

　　「祝」や「山田錦」は、良いランクのものは1俵で3万円を超えてしまう。農家の側に立てば、同じ1反の田んぼからいくら収入を得られるかは大事な話です。同じ面積からいかに最大の収益を得るかということを考えた場合、いかに楽をして収益を上げるかっていうのを考えるのが普通ですよね。10俵取れる「コシヒカリ」、8千円で農協が買いますよって言うけれど、「山田錦」は6俵しか取れませんってなったら、最低1万3千円くらいで買ってくれってことになりますよね。さらに、普通にやれば6俵取れるけれど、極力農薬使わずにしたら5俵しか取れません。完全に無農薬にしたら4俵しか取れませんってなったら、やっぱりそれなりの値段で買わないといけないし、なおかつ完全無農薬ならものすごく手間かかっていますから、その分を上乗せしないといけない。農家さんにしてみたら、いくら最終的にできたか知らないけれど、思いっきり手間がかかっているじゃないかっていうことになる。最終的にはやっぱり値段で報いてあげないといけない。単純に倍とかにはできないけれど、直接契約する意味を考えると、直接やることによってお互いメリットがある。中間流通がなくなる。農協を通すと農協の手数料とかいろいろかかってくるんで、農協経由でそういう農薬無使用の米を頼んだときよりは若干安くなる。向こうも農

協よりはちょっと高く売れる。お互いメリットあるから、やりましょうという感じです[4]。

2.3　小売業者との"顔の見える"関係づくり

　一方、川下の小売業者との関係に目を向けると、近年、酒類流通に関する規制の大幅な緩和に伴い、自社商品の質・個性・安全性に強いこだわりをもつ酒造業者が同じ価値観を共有する特定の酒販店との間で商品の取引を行なうケースが徐々に増えつつある。たとえば、北川本家では、2005（平成17）年秋に京都府綾部市の契約農家、河北農園から調達した原料米（「山田錦」）で仕込まれた酒が新銘柄「丹州山田錦」として発売された。この酒は、北川自身が「特別な思い入れがあるので、みがいて小さくするのがもったいない」とまで感じる原料米を用いて仕込まれたものであった。発売に当たって新商品をあえて別の自社商品のように既成の流通経路に乗せることをせず、その酒に対する彼のこだわりを消費者に対して的確に代弁し得る特定の酒販店（やはり単なる商品の取引関係を越えたパーソナルな関係を構築している）だけに卸すことに決めた。ほとんど宣伝活動を行なうことなく、酒販店との"顔の見える"関係を通して、少しずつ商品と原料米の評判を広めるという方法をとっている。既成の流通経路に乗せ、大掛かりな宣伝活動を行なえば、「丹州山田錦」は短期間のうちに大きな売れ行きを見せることになるかもしれないが、しかし、これが一時的な盛り上がりで終わってしまうようでは何の意味もないと考えている[5]。

2.4　消費者へのメッセージ

　消費者との関係にも目を向けると、近年、酒造業者が卸売・小売業者の手を経ずに、直営店（アンテナショップや飲食店など）やインターネットなどといった手段を用いて自社商品を消費者に直接販売するケースが徐々に増えつつある。こうした手段は、単なる商品の販売だけでなく、消費者との双方向的なコミュニケーションをも可能にするものである。酒造業者の直営店には、飲食の提供や商品の販売だけでなく、蔵見学という方法で消費者との接点が設けられているケースが多く、また酒造業者のホームページには会社案内や商品案内

だけでなく、経営者や従業員のブログという方法で消費者との接点が設けられているケースも見られる[6]。このような手段は、酒造業者が自社商品の質・個性・安全性に対するこだわりを消費者に伝えるとともに、消費者の多様なニーズを把握するうえで非常に有効なものである。そこで求められているのは情報発信力、対話力、説得力をいかに向上させるかということであり、これについて招徳酒造の木村は次のように述べている。

　　酒というのは食の中でもちょっと変わった、なくてもいい、プラスアルファみたいなものであるわけだから、合理性を求めるだけではだめじゃないかと思います。ただ、コストを誰が負担するかは問題です。有機農法にして除草剤をやらないでおこうとすると、その分の労力は誰が負担するのか。1,000円の酒が1,100円じゃないと困るとなると、お客さんが100円の価値があると認めてくれて1,100円で売れればいいが、いかにそれを認めさせるかという努力が必要になりますね。やっぱり消費者に納得してもらわないと買ってもらえない。僕は平等に負担すべきだと思います。最終的には環境負荷をかけないというみんなの利益になっていくはずですから。消費者もちょっと高いけど理解して買ってほしいし、流通も我々も儲けたいのを我慢してですね、ちょっとの我慢でなんとかそこまでいければいいですね。だからデザインやイメージがものすごく大事だと思います。やっぱりお客さんに納得してもらえるか、どれだけ伝えられるか。われわれにはそういうところが根本的に欠けていたと思います。だから、ホームページなんかを使った情報の開示は重要であり、「実際こうして造っているんですよ、わからないことあったら質問してください」という姿勢が必要であると思います[7]。

2.5　関連業者との共存共栄のために

　近年では、酒造業者が農家や酒販店と共同で自社商品に用いる原料米の田植え・稲刈りを体験イベントとして消費者に開放するというケースが増えつつある。伏見では、1990年代半ば頃から地元伏見の農家や酒販店と共同で「祝」

の田植え・稲刈りイベントを定期開催するようになった月の桂がパイオニアであるが（後述）、最近では、招徳酒造、北川本家、齊藤酒造なども同じようなイベントを開催するようになっている。

　一部の酒造業者が原料米の質・個性・安全性に強くこだわった酒造りを行なうのは、一企業体としてのさらなる発展に向けた投資の一環であるが、そこで重きが置かれるのは短期的な利益の回収ではなく、むしろ長期的な原料米生産者、小売業者、消費者との信頼関係の維持であることが一般的だ。以下の木村の言葉はこの点を端的に表すものである。

　　　個別に農家と信頼関係を築けて、向こうにプラス、こっちもプラスという関係にしたい。いろんなところと直接契約をやって、互いに合わないなと思ってやめたところもありました。やはり基本は信頼関係です。どんどん良い人間関係を築ける仲間を増やしたいけれども、なかなかそううまくはいかない。本当のところ何を信じるかというと、科学的な分析やデータではなくて、その作り手を信じる・信じてもらう、それしかないと思います。それが最終的にはブランド力になってくれればいい。人間関係、ともかくそれに尽きると思います[8]。

3　技術者の互助行動と技術向上意欲

　清酒消費量の減少、杜氏・蔵人の高齢化や減少は酒造家だけの問題ではなく、酒造技術者にとっても大きな問題であるため、彼らも自ら酒造業振興に努力している。第6章で示したように、彼らは全国的に出稼ぎ杜氏組合が消滅しつつある現在、「社員杜氏」として責任をもって酒造りを担える人材に成長すべく、高い向上心をもっている。かつて「酒屋万流」といわれ、多様な流派の杜氏が訪れていた頃は、各社それぞれの造り方で行なわれてきたが、現在は科学的に解明された部分の共有や、まだまだ手に負えない発酵技術に関する技術や知識の共有を積極的に行なっている。多様な条件下で失敗しないための技術は、公式の勉強会や有志によるいくつかの情報交換会などで、企業、流派を越

え、最も伏見に適した合理的な造り方が共有されつつある。

　一般の製造業ではあまり行なわれないような、企業の枠を越えた酒造技術の提供や共有は、酒造家の望む仕上がり具合、使用する米、使用する酵母、仕込み日の気温などの微妙な条件の違いで、同じ酒を他社の技術者が盗んで造る心配がないという条件的、技術的な要素により、問題とならない。それよりも人々は企業を越えた情報共有が、伏見地域全体のレベル向上につながり、伏見酒全体の評価を高めることを知っているのである。

　現在でも各社の酒造技術者は年に何回も就業後に集まり、互いの技術情報の交流や不明な点に関する質問、毎年の米の状態など、それぞれが少しでもよい酒を造ることができるように助け合っている。たとえば、米に関する情報はこれらのインフォーマルな寄り合いで話が出るという。「今年の米、ちょっと柔らかくないか？」「なんか、よく割れない？」「うちは大丈夫やで」「どこの使ってるの？」「○○や」と教え合う。フォーマルな米質の分析結果の通知だけでなく、インフォーマルな勉強会や宴会では自然に毎年の米の出来に関する話が出るという。技術情報交換は信頼できる社員同士での交流で行なわれ、「内緒ね」と言いながら、比較的オープンに話される。信頼できる人の輪は、紹介者が参加させるのにふさわしい熱意があると認められた者だけを参加させるというしくみで形成されている。このオープンな情報交換は、これらの信頼できる技術者間でのみ行なわれる。そのため信用されない者や地道な努力ができない者は、有志の会に誘われないため技術が上がらないという。ある技術者は次のように述べている。

　　そういうインフォーマルな集まりには、およそ8社の技術者が交流している。とりあえず、意欲があって信頼できるか、ということで声をかけた人を眺めたら8社になっていた。それに公設試験所の人が入ったりする。勉強会は酒造りの好きな人が集まり、年齢は幅広い。メンバーは中小企業だけでなく、大手の人もいる。みんなで伏見の酒のレベルを上げようという目的で技術交流が始まった。集まっている人が信頼できるから、かなり深いところまで話せる[9]。

4 "モノ申す"周辺アクターの台頭

4.1 共有される危機意識

　先述のような農家や酒販店との間で構築される"顔の見える"関係とそこでの双方向コミュニケーションは、酒造業者に対してさまざまなフィードバックをもたらす。酒造業者は、農家との直接のコミュニケーションによりその時々の原料米の出来具合や特徴に関する情報を、そして酒販店との直接のコミュニケーションによりその時々の消費者ニーズの変化に関する情報を確実に得ることができる。近年、酒造業者に対して自主的に情報提供を行ない、時には苦言をも呈するような農家や酒販店が増えつつあり、その背景には、農業と酒類販売業のそれぞれにおいて従来の仕組みが急激に崩壊していることへの危機意識の高まりがある。

　高度経済成長期以降、農業従事者数は減少の一途をたどり、農家の後継者不足が問題視されるようになって久しい。今日、日本は、先進諸国の中で食糧自給率が群を抜いて低く、その多くを海外に依存している。2008（平成20）年に生じた中国産食品の安全性をめぐるパニック現象は日本農業の脆さを象徴している。この危機的状況の中で日本中の多くの農家が、先祖代々受け継いできた家業を放棄するかどうかの岐路に直面している。

　一方、酒販店も近年の酒税法ならびに酒類販売免許制度[10]の規制緩和により危機に瀕している。1989（平成元）年、スーパーやコンビニでも酒類が並べられ、値引き販売が恒常化するようになった。そして、2003（平成15）年には、さらに大規模な規制緩和により、酒類小売免許の実質的な自由化が実現された。これにより、ドラッグストアやホームセンターなどでの酒類販売も事実上、認められるようになった。このような環境変化により、従来型の酒販店は厳しい生き残り競争にさらされることになり、やはり先祖代々受け継いできた家業を放棄するかどうかの岐路に直面している。

　今日、農家にせよ酒販店にせよ、酒造業者と同様に、もはや従来の経営方式では事業体として存続し得ないほどの危機に瀕しており、その中で生き残りを

図る農家、酒販店が新しい経営努力を行なっている。農家の経営努力は、たとえば、農薬・化学肥料を使用しない有機農法の実践、大学や農業用・計測用機械業者との連携によるハイテク農法の実践、農協を経由しない消費者や加工業者への直接販売などがある。一方、酒販店の中には、スーパーやコンビニなどとの値段競争で対抗するために大型化を図ろうとするところもあるが、いっそう多く見られる経営努力は消費者とのコミュニケーションの強化である。このように生き残りを図る一部の農家、一部の酒販店が取引関係のある酒造業者に対して"顔の見える"関係とそこでの双方向的コミュニケーションを求めるようになっている。

4.2 "モノ申す"農家

このような"モノ申す"農家の一例が、伏見の酒造業者に原料米を供給する山田ファームである。伏見向島で山田ファームを営む山田豪男は、清酒原料米の「山田錦」や「祝」をはじめ、飯米の「コシヒカリ」、多種多様な「京野菜」を有機農法で栽培し、そのほとんどを直接契約で販売している。山田が有機農法や直接販売という方法に目を向けることになったのは、大学卒業直前（1980年代半ば）に参加したカリフォルニア農業視察旅行で受けたカルチャー・ショックに端を発しているという。

　2,800ha、京都市くらいの大きさの世界最大の稲作農家、そこへ行ったんですよ。地平線の端から端までその家の土地、見渡す限り田んぼなんですよ。ほとんどが稲で、福島出身の日系人が経営していました。ちょうどウルグアイ・ラウンドで、稲の自由貿易がはじまり、関税が下がるってなった頃。その当時の日本はまだ米を100％自給できていたし、農協も強かったから、ショックでした。日本がナンバーワンだと思っていましたから。しかし、アメリカに行ってみると、全然違いました。セスナで種撒いて、うちの家くらいの大きさのコンバインで稲刈って、20tトラックを横付けして収穫物を入れるというレベルなんです。

　UCLAという大学に稲作の研究室があるんですよ。そこの先生がジャポ

ニカ米の育種をしていました。商社とくっついていますから、日本の品種はそこには何でもありました。向こうでは農業は立派な産業なんです。僕がそこでびっくりしたのは、その先生の種を地元の農家さんが買っている。10軒くらいがお金を出して、「僕らのこの地域で輸出できるおいしい種を作れ」と言って、その先生の給料を出しているんですよ。それが僕には「目から鱗」で、これでは負けると思いました。その辺がとっても印象に残って、僕らも個人レベルでいろんなことをやらないといけないと思いました。

カリフォルニアでは、農家の人たちはパソコンと電話でダイレクトに取引をする。穀物相場で米が今いくらで売れているかデータを毎日見ている。そして、この季節にはこれをこれだけ作ると計画する。今もし戦争が起こったらこうなるというような話をしている。これでは勝ち目はないと思いました。そういう経験もあって、僕の考え方は基本的にアメリカスタイルです。国際価格がいくらで、自分ところのコストがいくらで、どういうとことまず契約を取ってくるかっていうことを真剣に考えるようになりました[11]。

大学卒業と同時に家業を継承した山田は、自らの判断により直接契約による米（酒米を含む）や野菜の製造・販売を始める。その時期、有機農法に関心をもつ地元京都の若手農業者の勉強会に参加し、そこで当時「京野菜」ブランドで名を成しつつあった樋口昌孝、田鶴均といった先輩農業家たちから、安全性や地域性に重きを置く農業の理念と方法を学ぶ。彼が食品の安全性を強く意識するようになったのは、先輩農業家たちからの影響とともに、化学物質へのアレルギーという個人的な事情にもよっていた。

子どものときから手伝っていますので、化学物質の"被爆"がけっこう激しいんです。切り替えて10年は無農薬ですけども、その前、若い時分は親と一緒にやっていますからね。過敏症で出てくるんですよ。ちょっと農薬のにおいがあっただけで、胃が痒くなったりする。極端な話、農薬を

使った穀物に触れたりするだけで出てくる。だから、だいぶ栽培の方法も変えました。自分がやっていけないので。だいたい人の10倍くらいの量を作っていますから、どうしてもそうなりますよね。そういうことがないとね、そっち方面（無農薬）にはなかなか行きませんよ[12]。

　山田が地元伏見の酒造家との関係を深めてゆくことになるのは1990年代半ば頃のことであるが、そのきっかけとなったのが月の桂の増田泉彦（現・第14代徳兵衛）との出会いである。

　　僕は契約栽培を取ってやる立場なので、農協に出荷はするんですが、自分が作った酒米がいったいどこへ行っているかを追跡したことがあります。伏見酒造組合にたずねると、「山田君のお米、今年は齊藤酒造へ行った」と言われました。「会わしてほしい」と言うと、たまたまアポが取れなかった。「誰か会って喋らしてくれる蔵元はいませんか」と酒造組合にたずねたら、たまたま増田さんが会社にいらっしゃった。それで、早速お会いして「実は僕なりの勝算があって、無農薬で酒米を作りたい。それは完全に農薬の影響がないので、かなりピュアなものを提供できるはずだから、何とか契約していただけませんか」と言って、いきなりセールスに入ったんです。そんなの向こうから来るのを待っていたってだめで、自分からセールスしないと。増田さんも「それでしたい」と言われたから、契約までとんとんとん拍子でいきました[13]。

　こうして、山田は多種類の清酒原料米を月の桂へ直接販売することになるが、特に重きを置いたのが「祝」である。「祝」は、先述のように平安建都1200年記念事業の一環として復興された清酒原料米であるが、主に京都府北部で生産されており、伏見では山田ファームが最初であった。京都府北部との気候条件の違いから、伏見での栽培には水温調節をはじめさまざまな問題が伴ったが、熱心な研究の結果、短期間のうちに問題がすべてクリアされた。こうして安定供給できるようになった「祝」は、山田ファームにとって同業者と

の差別化に有効なオリジナル商品の一つになった。

　その後も、山田は、大学研究機関や農業用・計測用機械業者との異業種交流に積極的に参加し、ハイテク技術を用いた、より効率的で環境負荷が少なく、安全性の高い農業のあり方を模索しながら、今日に至っている。山田が実践してきた安全性、地域性に重きを置く農業の取り組みは伏見の酒造家の間でも高い評価を受けている。

4.3　"モノ申す"酒販店

　農作物の安全性だけでなく地域性にも強いこだわりをもつ山田は、1990年代半ば頃より月の桂や地元の酒販店とともに伏見ならではの"地酒"のプロデュースにも取り組んできたが、その取り組みの初期においてイニシアティブをとったのが、伏見墨染にて酒販店、津乃嘉商店を営む井上雅晶である。

　津乃嘉商店は先代の頃にはナショナルブランドの日本酒、焼酎、ウイスキーばかりを販売するごく一般的な酒販店であったが、1990年代初頭に父親から家業を継承するに当たり、井上（当時20代半ば）は従来の酒販店経営の常識に縛られることなく、「自分の面白いと思うこと」を追求しようと考えた。家業継承から間もない時期、「日本名門酒会」[14]に参加するようになり、その影響で"地酒"の存在に関心をもつようになった。その経緯について井上は次のように述べている。

　　そのとき、たしか地酒を扱う日本名門酒会っていう会があったはずだということを思い出しまして、酒屋業界の新聞編集部に電話したら、「日本名門酒会の代表は東京の問屋さんや」という話を聞いて、そちらに電話をしたのがきっかけです。そしたら「一回、会って話をしましょう」という話になって、実際に話をして感銘を受けました。そのときには、たとえば「久保田」であるとか「八海山」、「越乃寒梅」であるとか、クローズのマーケットの中で売れるものが良いと言われた時代なんですが、「実はそうではない。酒販店が自分の力で売っていかないとだめ。銘柄の力ではない。『あの商品のあるこの店に行く』という選ばれ方ではだめ。『あの人の

選んでくれる店に行こう』というようにならんと、こういう酒は売れませんよ」という話を聞いて、なるほどと思いました[15]。

こうして「あの人の選んでくれる店に行こう」と思われるような酒販店を目指すようになった井上は地酒の販売に力を入れるとともに、一般消費者が地酒を身近に感じられるような場を提供したいと考え、1993（平成5）年に「和醸の会」という名の親睦会を発足させている。

> 日本名門酒会としての扱い銘柄は店にありました。だけど、銘柄としては当然一般には知られてない酒だから、ブランド性を求める一般の消費者には売れない。実際、開けて飲むとおいしいのは自分でわかっているんですが、それをお客さんに説明したって、買ってくれる人もいれば、もともとほしかった銘柄の日本酒がなければ「もういいわ」という人もいる。でも、なんとかして売らないといけない、不良在庫になってくるという状況を打開したくて始めたのが和醸の会でした。それから、たとえば、1万円もする大吟醸酒なんかは、自分で飲んでみたいけど、店の商品であってもなかなか開けて試飲することができません。そこで、「それやったら、そういう思いのお客さんもたくさんいるんじゃないかな」と考えて、「みんなで割り勘で一回飲みましょう」と言って始めたのが和醸の会です[16]。

さらに、井上は、他地域の地酒を仕入れて消費者に提供するだけでなく、"伏見の地酒" プロデュースにも携わっており、それが先述の月の桂や山田ファームとの共同企画である。酒造りについて一から学びたいと考え、自ら各地の酒造場に足を運ぶようになった彼は、月の桂が山田ファームと共同で「祝」を用いた新酒の製造を計画していることを知り、その販売を申し出る。その際、完成した商品の販売だけでなく、精米率や酒質の設定にまで深く介入している。この新商品は京都出身の人気落語家、桂都丸の名にちなんで「都丸」と名付けられ、1994（平成6）年に発売された。初期の「都丸」は津乃嘉商店のプライベートブランドであり、井上自身の趣向が大きく反映された酒で

山田ファームでの稲刈りイベント

あった。

　この"伏見の地酒"プロデュースに当たり、井上は、消費者が実際に酒米作りを体験できるイベントを行ないたいと考え、山田にその案を持ちかける。しかし、山田の反応は井上の予想に反し、「素人に入ってもらっては困る」という否定的なものであった。そこで、井上は毎週日曜日に山田ファームに足を運び、米作りを手伝うことにした。それから1年が過ぎる頃になってようやく井上の酒造りに対する情熱が山田にも伝わり、ついにイベント案が受け入れられた。こうして「祝」の田植え・稲刈りイベントが毎年、定期開催されることになった。その後、井上の勧誘により京都市内の酒販店経営者数名もイベントに参加するようになり、その規模は年々拡大していった。

　近年、井上は、京都府下において居酒屋チェーン(「時代屋」)を展開しており、ここでも若年層を主体とする消費者に向けて清酒のPRに努めている。井上のような"モノ申す"酒販店は常に一般消費者や料飲店とフェイス・トゥ・フェイスで向かい合っているため、酒造業者にとっては有用な市場モニターの一つであるといえる。

　この井上よりも一世代上で、京都における"モノ申す"酒販店のパイオニアというべき人物がいる。京都府城陽市にて地酒専門店マルマンを営む堀井新作

である。地酒の知識、利き酒力、ネットワークに関して京都随一の酒販店といわれる堀井は、1980年代より地酒の販売、消費者へのPRに力を入れ始めるとともに、自ら各地の酒造場に足を運び、酒造りの専門技術について身をもって学ぶようになった。時には1ヶ月以上も酒造場に逗留し、杜氏・蔵人と生活をともにすることもあったという。このような活動を行なうようになった動機について堀井は次のように述べている。

　僕は生産者と消費者のパイプ役です。それが酒屋の仕事だと思います。酒屋の仕事とは、具体的に言えば、酒蔵さんに寄せてもらって、酒蔵さんたちの気持ちを隠さずにお客様に伝えるということではないかと思います。今は「日本名門酒会」や僕らがやっている「久保田会」がありますが、昔は一人でできないことは人に助けてもらわないといけないから、自分でわからない部分は先輩方に聞いて、先輩方もわからない部分は蔵人さんに聞いたり、会報をもらったり、あとは本を読んで勉強しました。それでもどうしてもわからない部分は蔵に行って自分で直接触れる。それはなぜかというと、入らないと見えない部分が必ずあるからです。できるだけ目と体を使ってどんどん吸収して、「このお酒は秋くらいにどうなるかな」ということを自分の頭で計算して、1本か2本買って残しておき、秋に抜栓して、飲んでみて、にやっと笑えるのかどうか、そういう形です。お客さんともできるだけ近づいてやっています。なぜならば、近づかないと、良いものがお客さんに与えられないからです。僕が利き酒能力を伸ばせば伸ばすほど感性が高まります。それで、お客さんにいかに良いものを出すかということも、やはり蔵と直結という発想で考えない限りはだめです。たとえば、農家は自分で食べるものは無農薬なのに、お客様に出すものはみんな農薬がかかっているという話があったとしたら、理屈としてはおかしいと思いますよね。だから、蔵元さんと密に手をつないでいかないとだめなのです[17]。

こうした酒造場通いにより酒造りの現場感覚を得た堀井は、単に製造現場の

メッセージを消費者に伝えるだけでなく、体得した酒造技術を次世代の酒造家に伝えるという役割をも担っている。近年では、旧知のベテラン杜氏を介して、滋賀県の酒造業者に出入りするようになり、そこでベテラン杜氏とともに若い経営者に対して技術や経営の指導を行なっている。

"モノ申す"酒販店のパイオニアである堀井は伏見の酒造業者の間でもよく知られた存在である。"地元"の酒造業者との付き合い方について堀井は次のように述べている。

> お酒の仕入れで地方に行ったとき京都の酒屋の名刺を出したら、たいてい"伏見の酒屋"と受け取られます。そのぐらい伏見のカラーは強いです。やはり銘醸地っていうことは、逆算したら「伏見から来てくれた、すごいですよね」という受け取られ方です。改めて考えてみると、マルマン商店では伏見の酒を全然扱っていない、蔵にも行かない、悪口ばかり言っているということに気付かされました。そのとき自分は小さい人間であると痛感しました。それで、改めて伏見に良い蔵がないか探しました。月の桂であったり、富翁や英勲であったり、そうやって蔵に通っていったら蔵元と仲良くなります。いろいろなことを教えてもくれるし、僕も気になることを言います。お互いに言うことを言えるようにならなければだめだと思うんです。言うことを言えるようにならなかったら発展はないと思います[18]。

5 ヒエラルヒー型から水平ネットワーク型へ

このように、近年、伏見酒造業界では、酒造業者と農家、酒販店、消費者の間で"顔の見える"関係の構築に向けた取り組みが活発化するとともに、酒造業者に対して主体的に情報提供を行ない、時には苦言をも呈するような農家や酒販店が認められるようになっている。それに伴って、一部の酒造業者を取り巻く産業連関構造はヒエラルヒー型から水平ネットワーク型へとシフトしつつある。従来のヒエラルヒー型では酒造業者が主体となって清酒製造業を牽引し

ていたのに対し、水平ネットワーク型では酒造業者が"モノ申す"周辺アクターとともに清酒製造業を支える立場になっている。先述の"伏見の地酒"プロデュースや酒米作り体験イベントは、まさにこうした新しい産業連関構造のあり方を象徴的に示すものである。

　さらに、近年の水平ネットワークの事例として、京都府下の酒造業者、原料米生産者、酒類小売業者などが連携して定期開催（酒米産地の持ち回りにより）している「京都地酒酒米サミット」という異業種交流イベントをあげることができる。2008（平成20）年3月に伏見で開催された第7回サミットでは、「蔵元・農家・小売店の関係拡大の模索」がテーマに掲げられ、酒造業者・農家間での契約栽培や地域ブランドの創出、酒造業者・農家・酒販店が一体となった商品開発、会員を募っての酒米作り体験イベントなどに関する取り組み事例の紹介と意見交換がなされた。この交流イベントは、行政主導により企画立案されたものではなく、酒造業者、農家、酒販店の間で構築されたインフォーマルな"顔の見える"関係の発展形態として企画立案されたものである。こうした取り組みは決して伏見に限ったものではないが、そこに認められる諸アクターの俊敏な独自行動にはやはり伏見の地域特性が少なからず反映されている。

注
1　齊藤酒造株式会社代表取締役社長　齊藤透氏へのインタビュー（2005年6月）
2　招徳酒造株式会社代表取締役社長　木村紫晃氏へのインタビュー（2006年7月）
3　株式会社北川本家専務取締役　北川幸宏氏（現・代表取締役社長）へのインタビュー（2006年6月）
4　北川氏へのインタビュー（2006年6月）
5　北川氏へのインタビュー（2006年6月）
6　たとえば、招徳酒造「酒蔵日記・農場便り」（http://maruta.be/shoutoku）、北川本家「京都・伏見の蔵元日記」（http://kitagawahonke.air-nifty.com/blog/）、山本本家「酒蔵日記」（http://www.yamamotohonke.jp/contents/）、藤岡酒造「『蒼空』蔵元Blog」（http://blueskykyoto.jugem.jp/）など。
7　木村氏へのインタビュー（2006年6月）
8　木村氏へのインタビュー（2006年6月）
9　伏見酒造業の若手技術者有志の会の出席者A氏、T氏との会話から（2008年12月）
10　酒税法とは酒税の賦課徴収・酒類の製造および販売免許を定めた法律である。それによると、酒類の販売業と製造業を営むためにはそれぞれ専門の免許が必要とされている。このうち酒類の販売業はさらに酒類卸売業と酒類小売業に分類され、それぞれ免許制となっている。この免許により、一般的に酒類小売業界は市場の競争原理から保護される業界であると認識されてきた。酒税の安定

194　補遺 2　伏見酒造業の水平ネットワーク

した賦課徴収を図るという名目で出された業界への新規参入を制限する政策によって、事実上、酒類小売業者は守られていたからである。
11　山田ファーム　山田豪男氏へのインタビュー（2006 年 7 月）
12　山田氏へのインタビュー（2006 年 7 月）
13　山田氏へのインタビュー（2006 年 7 月）
14　1975（昭和 50）年、清酒の復興を願う全国各地の中小酒造業者、卸問屋、酒販店によって日本名門酒会が設立された。音頭取り役を務めたのは、東京に拠点を置く酒類・食品卸売業者の株式会社岡永である。日本名門酒会の HP によれば、2008（平成 20）年 10 月現在で酒造業者 120 社、卸問屋 22 社、酒販店約 1,800 店が参加している。伏見からは玉乃光、月の桂、松本酒造、都鶴酒造の 4 社が参加している。日本名門酒会は、「良い酒を　佳い人に」をスローガンとして、「日本酒の本来あるべき本質を守り続けて良酒を造っている心ある蔵元と、意欲的で熱心な酒販店に呼びかけ、良酒を求める消費者に対し、満足できる美味しい日本酒を届けようという運動のネットワーク作り」に努めてきた。具体的には、加盟酒造業者取扱商品の品質管理（品質管理委員会の設置）、加盟酒造業者による技術交流会の開催（年 1 回）、各支部での加盟酒販店や料飲店を対象とする試飲会ならびに一般消費者を対象とする利き酒会の開催といった活動を実施してきた。
15　株式会社津乃嘉商店代表取締役社長　井上雅晶氏へのインタビュー（2006 年 7 月）
16　井上氏へのインタビュー（2006 年 7 月）
17　地酒専門店マルマン　堀井新作氏へのインタビュー（2006 年 10 月）
18　堀井氏へのインタビュー（2006 年 10 月）

附録　伏見酒造業各社の企業情報と沿革 [1]

黄桜株式会社
〒612-8242　京都市伏見区横大路下三栖梶原町53
〈TEL〉075・611・4101　〈FAX〉075・622・3510
http://www.kizakura.co.jp/
創業　大正14（1925）年10月
設立　昭和26（1951）年12月

　初代松本治六郎が、大正14年に松本酒造株式会社から「黄桜」の商標を譲り受け、分家して創業、伏見の名水の恵みを生かした酒蔵としてスタート。2代目松本司朗は進取の精神で、カッパをイメージキャラクターとして採用してマス媒体で広告しつつ、近代的な酒造工場を完成させ、首都圏を主力市場として全国に販路を拡げ、大手メーカーに育て上げました。
　伝統の日本酒文化を継承しつつ、「品質本位の酒造り」をモットーに、酒それぞれの個性を主張する商品の開発を心掛け、昭和41年ロングセラーの「金印」、昭和57年パック酒「呑」、平成3年には造りにこだわった「山廃仕込」などを発売、常に時代のニーズにきめ細かく対応し、広くお客様に親しんでいただいてきました。

株式会社　北川本家
〒612-8369　京都市伏見区村上町370-6
〈TEL〉075・611・1271　〈FAX〉075・611・1273
http://www.tomio-sake.co.jp
創業　明暦3（1657）年
設立　昭和11（1936）年5月

　創業は江戸時代の初期、酒株制度が起こった明暦3年（1657）以前と伝えられています。当時伏見は酒造業者が盛業を極めていて83軒もあったということです。宇治川の沿岸で船宿を営んでいた鮒屋四郎兵衛が酒を製造し、「鮒屋の酒」という銘柄で、伏見の代表的な清酒として、水路で三十石舟に積まれ大阪へ運ばれ、さらに江戸へ送られてあずまびとの舌をとらえたといわれています。明治43年（1910）、10代北川三右衛門が、中国の四書五経の中より「富此翁」の表現をみつけ、爾来酒銘を「富翁」といたしました。「富此翁」の「富」は貧富を表すのではなく、精神的な富をさし「心の豊かな人は、晩年になって幸せになる」という意味です。法人化は昭和11年（1936）5月。今後も御愛飲者の心を豊かにする酒造りを継承してまいります。

株式会社 京姫酒造

〒612-8367　京都市伏見区山崎町343
〈TEL〉075・622・2323　〈FAX〉075・621・8486
http://koyamahonke.co.jp/
創業 大正7（1918）年
設立 昭和49（1974）年6月

　大正7年、岡本酒造合資会社として発足。銘酒花自慢の名称で大阪地域を中心に広く親しまれてきました。名水の誉れ高い伏見でも最良の伏水ある地に酒蔵を構えています。敷地内の井戸から湧き出る清水で仕込み、伏見の酒の特徴であるソフトな旨口、きめ細かな風味を醸し出しています。

　昭和49年6月、全国に販売ネットワークを持つ世界鷹小山家グループの傘下に入り、同時に世界鷹酒造株式会社と社名変更しました。また平成9年7月には、方針を少量手造りの吟醸酒専門蔵とし、社名を京姫酒造と変更しました。創業者小山屋又兵衛は兵庫県加古郡生まれの杜氏経験者であり、創業以来徹底した「品質第一主義」を基本方針とし、現在もその意志は受け継がれています。

キンシ正宗株式会社

〒612-8081　京都市伏見区新町11丁目337-1
〈TEL〉075・611・5201　〈FAX〉075・611・0080
http://www.kinshimasamune.com/
創業 天明元（1781）年
設立 昭和11（1936）年11月

　「キンシ正宗」の創業者堀野家の初代松屋久兵衛は天明元年（1781）中京の堺町通二条上ル亀屋町で良質な水を生かして酒造りを始めました。

　明治13年さらに名水を求めて伏見に進出。明治29年金鵄勲章を配して代表商標として使用しました。昭和5年、当時としては想像も及ばなかった鉄筋コンクリート造り冷房完備の四季醸造蔵「みどり蔵」を建造。昭和11年、業務拡大にともない株式会社堀野久造商店となりました。

　戦後の昭和21年株式会社堀野商店に社名変更。昭和52年に業界に先駆けて紙パック酒を商品化し、日本酒の容器革命のパイオニアと評価されました。平成3年創醸210年を機にCI導入、社名をキンシ正宗株式会社に変更し、ブランドスローガンを「京仕込」としました。

月桂冠株式会社

〒612-8660　京都市伏見区南浜町247
〈TEL〉075・623・2001〈FAX〉075・623・0312
http://www.gekkeikan.co.jp/
創業　寛永14（1637）年
設立　昭和2（1927）年5月

　寛永14年（1637）、初代大倉治右衛門は、京都府の最南部・笠置の里を出て、港町・宿場町として賑う伏見で、「笠置屋」を創業。酒銘を「玉の泉」とし、清酒の醸造と販売を始めました。歴代当主は家業に精励すると共に、酒屋の代表・惣中代や禁裡御用などを勤め、苦難の江戸時代を乗り切り、明治の躍進期を迎えました。
　明治38年（1905）、11代大倉恒吉は「月桂冠」（勝利と栄光のシンボル）を酒銘に採用、同42年、「大倉酒造研究所」（現・月桂冠総合研究所）を創設、科学・技術の導入を開始、同44年より「防腐剤ナシびん詰酒」を本格的に販売、次々と新機軸を打ち出してゆきました。
　昭和36年（1961）、業界に先んじ「四季醸造」を完成。江戸中期以後絶えていた年間を通じての酒造りを、社員による近代的システムによって蘇らせ、高品質化と安定化を果たしました。
　月桂冠は創業370年の伝統にも安住することなく常に創造と革新を繰り返し、日本を代表するブランドとして努力をつづけています。

齊藤酒造株式会社

〒612-8207　京都市伏見区横大路三栖山城屋敷町105
〈TEL〉075・611・2124〈FAX〉075・602・8331
http://www.eikun.com
創業　明治28年（1895）
設立　昭和35年（1960）12月

　齊藤家が酒造業を始めたのは明治28年のことです。齊藤家は元禄のころから伏見の地で呉服商を営んでおりましたが、明治になり社会の大変化の中で9代目齊藤宗太郎が呉服商から酒造業に転業をいたしました。創業当時は「柳正宗」「大鷹」などの商標で販売していましたが、大正4年大正天皇のご即位の御大典を記念して、現在の代表商標である「英勲」といたしました。日露戦争以後欧米諸国で最も友好関係にあった英国の「英」と勲章の「勲」が由来です。以後、戦中戦後の困難な時期も乗り越え、昭和35年法人（株式会社）となり、今日に至っています。現社長は齊藤家12代目齊藤透です。

招德酒造株式会社

〒612-8338　京都市伏見区舞台町16
〈TEL〉075・611・0296　〈FAX〉075・611・0298
http://www.shoutoku.co.jp/
創業　正保2年（1645）
設立　昭和20年（1945）

　招徳酒造株式会社は、昭和18年に戦時企業整備令により、酒井家、藤井家ならびに木村家の3家系・4酒造場が木村酒造を中心に企業合同し、共栄酒造株式会社として認可されたのが始まりです。
　存続工場となった木村家は正保2年（1645）に洛中で酒造を始めています。木村酒造は明治6年から京都の中心四条河原町西南角で清酒と味醂の醸造をしていましたが、大正末期の京都市の都市計画のために伏見の現在地へ移転しました。共栄酒造はさらに木村本家（坂宗）酒造を加え、また昭和39年には商号を酒銘と同じ招徳酒造に変更して今日に至っています。
　「招徳」の酒銘は平安神宮にある明治天皇の御宸筆「福以徳招」によるものです。

宝酒造株式会社

〒612-8061　京都市伏見区竹中町609
〈TEL〉075・623・2222　〈FAX〉075・623・2236
http://www.takarashuzo.co.jp/
創業　天保13（1842）年
設立　大正14（1925）年9月

　大正14年、伏見区竹中町609番地に宝酒造株式会社は誕生しました。当時の酒銘「松寶」の造石高は1300石程度でした。
　一方『清酒之精華松竹梅』の誕生は大正9年、灘・魚崎が発祥の地。当社が松竹梅酒造を設立し製造を始めたのが昭和8年です。
　松竹梅は古来中国において「歳寒三友」と称され、祝賀・瑞祥の意を表します。清酒松竹梅はその品質と独自の慶祝路線で、現在まで飛躍的な成長を遂げてきました。
　その間、昭和58年に米国宝酒造株式会社を設立、昭和63年には伏見に四季醸造蔵を建設しました。また、21世紀の消費傾向を見据えて平成13年には特定銘柄酒の生産拠点「松竹梅白壁蔵」を建設。高品質酒の生産を開始する一方で、平成15年には二段酵母仕込の松竹梅「天」で晩酌需要にも応えるなど、酒質の向上と需要開拓に力を注いでいます。

玉乃光酒造株式会社

〒 612-8066　京都市伏見区東堺町 545-2
〈TEL〉075・611・5000　〈FAX〉075・601・0004
http://www.tamanohikari.co.jp/
創業　延宝元（1673）年
設立　昭和 24（1949）年

　初代中屋六左衛門が延宝元年（1673）、和歌山市にて紀州徳川藩の免許で創業しました。昭和 39 年、業界に先駆けて、アルコール、糖類を添加しない「無添加清酒」（今日の純米酒）を発売、日本の伝統文化である清酒の本来の姿は米 100％の純米酒にあると主張してまいりました。
　酒銘の「玉乃光」は、代々熊野の速玉（はやたま）神社を信仰し、宮司より主神の天照大神の御魂（玉）がはえるようにとの願いを込めていただいたものとされています。

鶴正酒造株式会社

〒 612-8066　京都市伏見区東堺町 474
〈TEL〉075・611・0221　〈FAX〉075・601・6385
http://www.nishuhan.co.jp/item/recommend/
創業　明治 24（1891）年
設立　昭和 45（1970）年 10 月

　明治 24 年創業の株式会社谷酒造本店より、昭和 44 年 11 月、鶴正酒造株式会社として、酒造権、商標権を継承し、昭和 45 年 10 月に、日酒販全額出資の会社として発足しました。株式会社谷酒造本店の〈鶴正宗〉は、単に名門というだけでなく、製造技術面でも高く評価され、新しい酵母培養の技術も工業化し、酵母学会の「江田賞」を受賞したこともありました。一時は、年間 12000 石（約 2160kl）を出荷し、全国に伏見の銘酒として人気を集め、その 8 割近くを日酒販が販売していました。平成元年 2 月には、伏見銘酒協同組合設立に参画し、三季醸造能力のある近代設備で、伝統の味を守りつづけています。全国新酒鑑評会でも金賞を受賞し、伝統と新しい技術で、銘酒の醸造に日夜努力し、需要開発に励んでいます。

株式会社豊澤本店

〒612-8379　京都市伏見区南寝小屋町59
〈TEL〉075・601・5341　〈FAX〉075・622・5620
http://homepage2.nifty.com/housyuku/
創業　江戸時代末期
設立　昭和9（1934）年

　弊社の創業は、江戸時代も終わろうとしているころ、豊澤儀助が九州から大阪の天王寺に出て来て酒類の小売業を営んだのが始まりです。儀助はどうせ売るのなら自分で造ったものを売りたいと明治初年に酒造業を始めました。当初は奈良、岡山で酒造りをしていましたが、昭和9年株式会社を設立した後、よりよい水を求めて、昭和28年伏見に移り、現在に至っています。
　主要銘柄である「豊祝」の名は、「いねみのり　國も豊よ　祝ひ酒」という創業者儀助の句からとられています。

平和酒造合資会社

〒612-8063　京都市伏見区東組町698
〈TEL〉075・601・0012　〈FAX〉075・602・0015
創業　延享元（1744）年
設立　昭和23（1948）年1月

　当社は河内の出身であることから、河内屋という屋号により大阪京橋で米問屋を開業。延享元年（1744）、伏見今町において河内屋与兵衞が酒株を取得し、酒造りを開始。江戸末期に河内屋伊兵衞を分家。これが現在の平和酒造の前身です。伏見奉行所の統制により、大きく酒造数量を増減させながら、明治の初頭には伏見においてトップクラスの酒造数量を誇りました。
　明治から大正、第二次世界大戦までは、地主としての収入である米を使用して生産販売。戦後の農地改革やその後の経済変動により、昭和23年1月30日、中伊兵衞から平和酒造合資会社を設立。昭和30年代には桶売り専業となり、永く瓶詰出荷を中止していました。平成元年清酒の共同生産に踏み切り、瓶詰製品の出荷を再開し、現在に至っています。

株式会社増田德兵衞商店

〒612-8471　京都市伏見区下鳥羽長田町135
〈TEL〉075・611・5151〈FAX〉075・611・8118
http://www.tsukinokatsura.co.jp
創業　延宝3（1675）年
設立　昭和28（1953）年12月

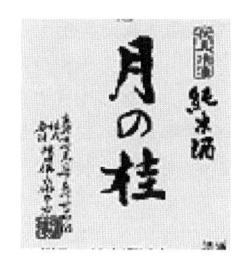

　京都と大阪を結び鴨川・桂川に沿って鳥羽街道（鳥羽作り道）があり、平安京の造営（794年）にともない、羅城門（平安京の表玄関）からまっすぐ南下する道として計画的に作られた古道を挟んで、酒蔵と母屋があります。元祖「にごり酒」で全国に名高い「月の桂」は創業300有余年の伏見の中で古い蔵元のひとつです。鳥羽伏見の戦で罹災に見舞われ、かつては京から西国に赴くお公卿さんの中宿もつとめ、石清水八幡宮の放生会に勅使の姉小路有長卿が参向された折、「かげ清き月の嘉都良の川水を夜々汲みて世々に栄えむ」と詠んだことから銘酒「月の桂」の名が誕生しました。「月の桂」は、古い中国の伝説の「月中に桂あり、高さ五百丈常に人ありてこれを切る……」からとってつけられた名前です。季節感と個性を大切に「酒は文化なり」という神髄を示す。中村真一郎氏、武田泰淳氏、開高健氏、水上勉氏など酒仙を標榜する作家が書き記す処多し。

松本酒造株式会社

〒612-8205　京都市伏見区横大路三栖大黒町7
〈TEL〉075・611・1238〈FAX〉075・611・1240
http://www.momonoshizuku.com/
創業　寛政3（1791）年
設立　昭和24（1949）年

　初代松本治兵衛が寛政3年（1791）東山の八坂弓矢町にて商号を「澤屋」として創業しました。大正12年名水を求め伏見の現所在地に酒蔵を増設し「日出盛」の拠点としました。昭和58年純米吟醸酒「桃の滴」を発売、平成10年には、全ての仕込みを吟醸仕込みにシフトするため、原料処理工程の環境を新しく整備し、更に原料米の好適米使用比率や平均精白度の数値を高め、酒質の向上と酒造技術の研鑽に努めて参りました。また、松本酒造では、仕込蔵やレンガ煙突、万暁院等の保存や活用により、京都の酒屋らしく、酒造りの文化、歴史、伝統そして風土を守り続けて行こうと考えております。当蔵の諸施設は、下記の指定を受けております。
平成9年　京都市「歴史的意匠建造物」　平成19年　経済産業省「近代化産業遺産」
平成20年　文化庁「登録有形文化財」　平成21年　京都市「重要景観建造物」

都鶴酒造株式会社

〒612-8065　京都市伏見区御駕篭町151
〈TEL〉075・601・5301　〈FAX〉075・611・8281
創業　寛政3（1791）年
設立　昭和46（1971）年3月

　昭和45年6月29日、伏見八田鶴酒造株式会社より清酒製造権「原規則数量396,432リットル」と、これに付随する製造設備を譲り受けました。同年7月25日、中野酒造株式会社所有『伏見の美酒　都鶴』の商標権を譲り受け、同年8月24日、都鶴酒造株式会社設立。設立時の本社業務は、伏見区御駕篭町151番地。同年11月6日付で清酒製造免許を受け、本社業務を伏見区下鳥羽城之越町78番地の1に移転、46年3月1日創業、平成20年再び伏見区御駕籠町151番地に移転、現在に至ります。

　都鶴の商標の由来は、天保11庚子年（1840）、大新版の『江戸積銘酒大寄為御覧表』で前頭に格付されており、170年の歴史ある商標で現在までに幾人かの銘醸家に引き継がれて、現在に至っています。

向島酒造株式会社

〒612-8111　京都市伏見区向島橋詰町787-1
〈TEL〉075・611・4876　〈FAX〉075・621・0766
http://www.geisya.or.jp/~furisode
創業　明暦年間（1655～58）
設立　昭和19（1944）年12月

　向島酒造、代表銘柄「ふり袖」の歴史は、さかのぼること江戸時代の明暦年間（1655～58）になります。「ふり袖」の命名は、新酒ができると、蔵元の娘がふり袖姿でもてなしたということに由来しております。

　当社は宇治川観月橋畔の南に位置し、巨椋池と宇治川を分離するため、豊臣秀吉によって造られた奈良に至る大和街道（太閤堤）に面しております。この街並から山科を経て東海道を往来する旅人や、六地蔵、宇治などを拠点に、遠く大坂までを上り下りする伏見船（三十石船）に便乗した旅人などを相手に伏見奉行から酒造りの免許を受けて、当時、造り酒屋として賑わったということです。

株式会社　山本勘蔵商店

〒612-8083　京都市伏見区京町1丁目285
〈TEL〉075・611・3288〈FAX〉075・612・7151
創業　昭和11（1936）年5月
設立　昭和30（1955）年4月

　初代の山本勘蔵が、大正の頃、大阪で酒問屋を始め、取引で伏見を訪れるうちに、伏見清酒の良質性と伏見桃山の風景に魅せられました。そこで昭和11年に縁あって現在の蔵を譲り受け酒造業を始めました。
　昭和17年、戦時下の企業整理により当蔵は休造となりましたが、昭和23年、戦後の経済自由化により2代目楢雄が酒造業を再開しました。当時の製造量は約30tでした。以後戦後の復興とともに増産を続け、昭和30年には株式会社に組織変更し、現在に至っています。
　杜氏は15歳で当蔵入した田中政雄（兵庫県美方郡岡町出身）が、軍隊から復員後に就任し、昭和45年には組合きき酒会で最上位入賞を果たしました。

株式会社山本本家

〒612-8047　京都市伏見区上油掛町36-1
〈TEL〉075・611・0211〈FAX〉075・601・0011
http://www.yamamotohonke.jp/
創業　延宝5（1677）年
設立　昭和27（1952）年12月

　延宝5年（1677）に、当時の伏見の中心地油掛で創業して以来、300余年を経ております。当時の屋号は塩屋と称し、代々源兵衛を襲名、現在11代目です。当初は日本酒だけでなく、味噌、醤油なども営んでいたようです。時代の変遷のなか、明治時代、8代源兵衛の頃、清酒製造業専業になり、大正時代に白楽天の詩より命名した現在の商標「神聖」で出荷するようになりました。以来、品質本位をモットーに、飲みあきしない酒をめざし研鑽して参りました。昭和39年にはその技術が認められ、名誉ある「江田賞」を受賞しました。また、伴淳三郎の「かあちゃん一杯やっか」というTVコマーシャルにより首都圏で一躍知名度を上げました。以来、伏見の中堅として現在も誇りをもって酒造業を営んでいます。

藤岡酒造株式会社

〒 612-8051　京都市伏見区今町 672-1
〈TEL〉075-611-4666 〈FAX〉075-611-4343
http://www.sookuu.net/
創業　明治 35（1902）年 10 月
設立　昭和 27（1952）年 12 月 5 日

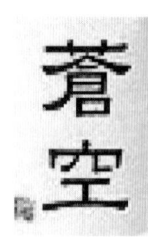

　藤岡酒造は明治 35 年 10 月に初代藤岡栄太郎により京都市東山区にて酒造業を始めました。当時の醸造石数は 1200 石余りだったようです。その後、滋賀県大津市に製造場を増設するなどし、明治 43 年になりようやく伏見の地に製造場をもうけ、大正 7 年になりやっと現在の地で製造するようになりました。最盛期には、8000 石程のお酒を製造していたようです。当時は「万長」という銘柄を中心に展開し、地元の人々を中心に長年の間、親しまれ続けていました。しかし、平成 6 年 9 月 3 代目藤岡義文の急死がきっかけとなり、平成 7 年に藤岡酒造の歴史は一旦幕を閉じます。「なんとかもう一度お酒を造りたい」5 代目蔵元・藤岡正章が各地の酒蔵で、勉強を重ね多くの人たちの協力のもと、平成 14 年新しい酒蔵の建築から「藤岡酒造」の再生を試み、その冬蔵元自ら杜氏となり新しいお酒を造り始めました。その年出来たお酒はわずか 28 石（約 5000 リットル）。新しく造ったお酒は全て手作りの純米酒。そのお酒には「蒼空」と名付けました。まさに青空を思わせるような爽やかで優しい味わいは今、藤岡酒造の新しい歴史を作ろうとしています。

注
1　本情報は伏見酒造組合および藤岡酒造から提供されたものである。

参考文献

第1章

鯵坂学, 2005, 『都市同郷団体の研究』法律文化社.
青木隆浩, 2003, 『近代酒造業の地域的展開』吉川弘文館.
Burgess, E. W., 1925, "The Growth of the City: An Introduction to a Research Project," R. E. Park, E.W. Burgess and R.D. McKenzie, *The City*, Chicago: University of Chicago Press. (= 1978, 奥田道大訳,「都市の発展－調査計画序論」鈴木広編『都市化の社会学』誠信書房, 113-126。)
DiMaggio, P. J. 1983, "State Expansion and Organizational Fields," R.H. Hall and R.E. Quinn, *Organization Theory and Public Policy*, Sage Publications, 147-161.
DiMaggio, P.J. and W. W. Powell, 1983, "The Iron Cage Revisited: Institutional Isomorphism and Collective Rationality in Organizational Fields," *American Sociological Review*, 48(2): 147-160.
同志社大学人文科学研究所, 1994, 『同志社大学人文科学研究所研究叢書 XXIII 技術革新と産業社会』中央経済社.
Durkheim, E., 1893, *De la Division du Travail Social: Étude sur l'Organisation des Sociétés Supérieures*, Paris: P.U.F. (= 1971, 田原音和訳, 『現代社会学大系 2 社会分業論』青木書店。)
Fischer, C., 1975, "Toward a Subcultural Theory of Urbanism," *The American Journal of Sociology*, 80(6): 1319-1341. (= 1983, 広田康生訳,「アーバニズムの下位文化理論に向けて」奥田道大・広田康生訳『都市の理論のために』多賀出版, 50-94。)
藤本昌代, 2005, 『専門職の転職構造 - 組織準拠性と移動』文眞堂.
——, 2006,「産学連携における企業・研究者・政府の複合的ジレンマ」岩城完之・田中直樹編『シリーズ 現代の産業・労働 第2巻 企業社会への社会学的接近』学文社, 143-172.
藤原隆男, 1999, 『近代日本酒造業史』ミネルヴァ書房.
伏見酒造組合, 2001, 『伏見酒造組合一二五年史』伏見酒造組合.
Hannan, M. T. and J. Freeman, 1977, "The Population Ecology of Organizations," *The American Journal of Sociology*, 82(5): 929-964.
原山優子編, 2003, 『産学連携』東洋経済新報社.
蓮見音彦編, 1991, 『ライブラリ社会学 3 地域社会学』サイエンス社.
——, 2007, 『講座社会学 3 村落と地域』東京大学出版会.
稲上毅・川北喬編, 1999, 『講座社会学 6 労働』東京大学出版会.
井出策夫編, 2002, 『産業集積の地域研究』大明堂.
石川晃弘編, 1988, 『ライブラリ社会学 4 産業社会学』サイエンス社.
石川健次郎, 1989,「伏見酒造業の発展」『社会経済史学』55(2): 174-188。
石倉洋子・藤田昌久・前田昇・金井一頼・山崎朗, 2003, 『日本の産業クラスター戦略－地域における競争優位の確立』有斐閣.
黄完晟, 1997, 『日本の地場産業・産地分析』税務経理協会.
伊賀光屋, 2000, 『産地の社会学』多賀出版.
——, 2007,「酒屋仲間と酒造コミュニティ」『新潟大学教育人間科学部紀要．人文・社会科学編』10(1): 21-32。

参考文献

伊丹敬之・松島茂・橘川武郎編，2003，『産業集積の本質』有斐閣。
鎌倉健，2005，『産業集積の地域経済論－中小企業ネットワークと都市再生』勁草書房。
橘川武郎・連合総合生活開発研究所編，2005，『地域からの経済再生　産業集積・イノベーション・雇用創出』有斐閣。
神田良・岩崎尚人，1996，『老舗の教え』日本能率協会マネジメントセンター。
京都府，1970，『老舗と家訓』京都府。
清成忠男・森戸哲編，1980，『地域社会と地場産業』日本経済評論社。
木下謙治・篠原隆弘・三浦典子，2002，『シリーズ社会学の現在　地域社会学の現在』ミネルヴァ書房。
倉科敏材編，2008，『オーナー企業の経営－進化するファミリービジネス』中央経済社。
倉沢進編，1980，『社会学講座5 都市社会学』東京大学出版会。
小杉毅・辻悟一編，1997，『日本の産業構造と地域経済』大明堂。
Lee, C. M., W. F. Miller, M. G. Hancock and H. S. Rowen eds., 2000, *The Silicon Valley Edge: a Habitat for Innovation and Entrepreneurship*, The Board of Trustees of the Leland Stanford Junior University. (= 2001, 中川勝弘監訳, 『シリコンバレー　なぜ変わり続けるのか』(上・下) 日本経済新聞社。)
松田松男，1999，『戦後日本における酒造出稼ぎの変貌』古今書院。
松本康，2008，「サブカルチャーの視点」井上俊・伊藤公雄編『都市的世界』世界思想社，53-62。
三浦典子，1997，「陶磁器のふるさと」鈴木広他編『まちを設計する』九州大学出版会，79-103。
中野卓，1964，『商家同族団の研究－暖簾をめぐる家と家連合の研究』未来社。
似田貝香門，1980，「日本の都市形成と類型」倉沢進編，『社会学講座5 都市社会学』東京大学出版会，47-78。
Park, R. E.,1916, "Suggestion for the Investigation of Human Behavior in the Urban Environment", *The American Journal of Sociology*, 20: 577-612. (= 1978, 笹森秀雄訳, 「都市－都市環境における人間行動研究のための若干の示唆」鈴木広編『都市化の社会学[増補版]』誠信書房, 57-96。)
Poter, M. E., 1998, *On Competition*, Boston: Harvard Business School Press. (=2005, 竹内弘高訳,『競争戦略論』(Ⅰ・Ⅱ) ダイヤモンド社。)
佐藤郁哉・山田真茂留，2004，『制度と文化－組織を動かす見えない力』日本経済新聞社。
Scott, W. R., 1995, *Institutions and Organizations*, Thousand Oaks, Calif.: Sage Publications. (= 1998, 河野昭三・板橋慶明訳『制度と組織』税務経理協会。)
――, 2001, Institutions and Organizations (2nd ed.), Thousand Oaks, Calif.: Sage Publications.
関満博・一言憲之編，1996，『地方産業振興と企業家精神』新評論。
Simmel, G., 1890, *Über sociale Differenzierung*, Leipzig: Duncker & Humblot. (= 1970, 居安正訳, 『現代社会学大系1 社会文化論・社会学』青木書店。)
Tonnies, F., 1887, *Gemeinschaft und Gesellschaft; Grundbegriffe der reinen Soziologie*. (= 1957, 杉之原寿一訳, 『ゲマインシャフトとゲゼルシャフト－純粋社会学の基本概念』(上・下) 岩波書店。)
Weber, M., 1921, *Die nichtlegitime Herrschaft*. (= 1964, 世良晃志郎訳『都市の類型学』創文社。)
Wirth L., 1938, "Urbanism as a Way of Life," *The American Journal of Sociology*, 44 (1): 1-24. (= 1978, 高橋勇悦訳, 「生活様式としてのアーバニズム」鈴木広編『都市化の社会学 増補版』誠信書房, 127-147。)
高橋英博，2006，「グローバリゼーションと日本の地場産業」新原道信・広田康生・浅野慎一・橋本和孝・吉原直樹編『地域社会学講座　第2巻　グローバリゼーション／ポスト・モダンと地域社会』東信堂，143-159。

武田尚子, 2006, 「造船業下請企業経営者層の形成と地域社会」『地域社会学会年報』18: 79-102。
田中直樹, 2006, 「現代産業・労働社会学における実証研究の意義と方法」岩城完之・田中直樹編『シリーズ 現代の産業・労働 第2巻 企業社会への社会学的接近』学文社, 173-199。
田野崎昭夫編, 1989, 『現代都市と産業変動』恒星社厚生閣。
植田浩史編, 2004, 『「縮小」時代の産業集積』創風社。
植木豊, 1996, 「資本・国家・社会的なものの＜空間的発見＞」吉原直樹編『21世紀の都市社会学 都市空間の想像力』勁草書房, 1-52。
上村雅洋, 1998, 「伏見酒造業と灘酒造業－大倉家の灘支店機能の変化を中心に」『経済学論究』52(2): 41-72。
山崎朗編, 2002, 『クラスター戦略』有斐閣。
安岡重明, 1998, 「伏見酒造業における革新－大倉恒吉と大宮庫吉の比較」安岡重明編『京都企業家の伝統と革新』同文舘出版, 156-176。
横山知玄, 2001, 『現代組織と環境の組織化－組織行動の変容過程と「制度理論」のアプローチ』文眞堂。
―, 2005, 『現代組織と制度－制度理論の展開』文眞堂。
横澤利昌編, 2000, 『老舗企業の研究－一〇〇年企業に学ぶ伝統と革新』生産性出版。
吉原直樹, 2008, 『モビリティと場所』東京大学出版会。
湯本誠・酒井恵真・新妻二男編, 2007, 『地域産業の構造的矛盾と再生－北海道・東北・沖縄と英国の事例研究』アーバンプロ出版センター。
柚木学, 1965, 『近世灘酒経済史』ミネルヴァ書房。
―, 1979, 『近世海運史の研究』法政大学出版会。
―, 1987, 『酒造の歴史』雄山社出版。

経済産業省 産業クラスター計画（http://www.cluster.gr.jp/about/index.htmll, 2009.11.06）。
国税庁「清酒 製成数量・課税移出数量の推移（都道府県別）」（http://www.nta.go.jp/shiraberu/senmonjoho/sake/shiori-gaikyo/seishu/2007/pdf/19.pdf, 2009.10.30）。
国税庁「酒のしおり」（http://www.nta.go.jp/shiraberu/senmonjoho/sake/shiori-gaikyo/shiori/2009/pdf, 2009.10.30）。
文部科学省 科学技術政策研究所（http://www.nistep.go.jp/index-j.html, 2009.10.30）。

第2章
伏見醸友会, 2008, 『19酒造年度 伏見の酒造状況調査』（伏見醸友会誌別冊）。
伏見酒造組合, 2001, 『伏見酒造組合一二五年史』伏見酒造組合。
月桂冠株式会社, 1999, 『月桂冠三百六十年史』月桂冠株式会社。
石川健次郎, 1989, 「伏見酒造業の発展」『社会経済史学』55(2): 174-188。
京都市, 1991, 『資料京都の歴史第16巻伏見区』平凡社。
荻生待也編, 2005, 『日本の酒文化総合辞典』柏書房。
聖母女学院短期大学伏見学研究会, 1999, 『伏見学ことはじめ』思文閣出版。
―, 2003, 『京・伏見学叢書第1巻 伏見の歴史と文化』清文堂出版。
上村雅洋, 1989, 「灘酒造業の展開」『社会経済史学』55(2): 132-151。
―, 1998, 「伏見酒造業と灘酒造業－大倉家の灘支店機能の変化を中心に」『経済学論究』52(2): 41-72。

伏見区役所（http://www.city.kyoto.lg.jp/fushimi/index.html, 2009.10.30）。

伏見酒造組合（http://www.fushimi.or.jp/4_guide/index.html,2009.10.30）。
月桂冠大倉記念館（http://www.gekkeikan.co.jp/enjoy/museum, 2009.10.30）。
株式会社伏見夢工房（http://www.kyoto-fushimi.com/, 2009.10.30）。
経済産業省「H17（2005）年度　工業統計表・市区町村編」（http://www.meti.go.jp/statistics/tyo/kougyo/result-2/h17/kakuho/sichoson/excel/h17-k6-data-j.xls, 2009.10.30）。
——「近代化産業遺産群33」（http://www.meti.go.jp/press/20071130005/isangun.pdf, 2009.10.30）。
神戸史文書館「灘の酒造業」（http://www.city.kobe.lg.jp/information/institution/document/syuzo/, 2009.10.30）。
灘五郷酒造組合（http://www.nadagogo.ne.jp/, 2009.10.30）。
総務省統計局「H17（2005）年度国勢調査・第2次基礎集計・都道府県別・報告書掲載表・京都府」（http://www.e-stat.go.jp/SG1/estat/List.do?bid=000000030149&cycode=0, 2009.10.30）。
——「H18（2006）年度事業所・企業統計調査・都道府県別結果・報告書非掲載表・京都府」（http://www.e-stat.go.jp/SG1/estat/List.do?bid=000001008707&cycode=0, 2009.10.30）。

第3章
安部康久，1980，「第3章 米」伏見醸友会『伏見酒Ⅰ』（『伏見醸友会誌』9），21-34。
青木隆浩，2003，『近代酒造業の地域的展開』吉川弘文館。
伏見酒造組合，2001，『伏見酒造組合一二五年史』伏見酒造組合。
伏見醸友会，1988，『62酒造年度 伏見の酒造状況調査』（伏見醸友会誌別冊）伏見醸友会。
——，1998，『9酒造年度 伏見の酒造状況調査』（伏見醸友会誌別冊）伏見醸友会。
——，2008，『19酒造年度 伏見の酒造状況調査』（伏見醸友会誌別冊）伏見醸友会。
藤野信之，2005，「米流通制度改革と米価の動向」『農業金融－農業・農協の変化のメカニズム』3月号，36-51。
月桂冠株式会社，1999，『月桂冠三百六十年史』月桂冠株式会社。
兵庫県酒米振興会，2000，『兵庫の酒米－兵庫県酒米振興会五十周年記念誌』兵庫県酒米振興会。
石川健次郎，1989，「伏見酒造業の発展」『社会経済史学』55(2): 174-188。
前重道雅・小林信也編，2000，『最新日本の酒米と酒造り』養賢堂。
Merton,R.K., 1957, *Social Theory and Social Structure* (2nd ed.), New York: The Free Press.（=1961，森東吾・森好夫・金沢実・中島竜太郎訳，『社会理論と社会構造』みすず書房。）

第4章
Asch, S. E., 1951, Effects of Group Pressure upon the Modification and Distortion of Judgments, H. Guetzkow ed., *Groups, Leadership and Men*. Carnegie Press, 1-43.
Deutsch, M. and H. B. Gerard, 1955, "A Study of Normative and Informational Social Influence upon Individual Judgment," *Journal of Abnormal and Social Psychology*, 51: 629-639.
Durkheim, E., 1893, *De la Division du Travail Social: Étude sur l'Organisation des Sociétés Supérieures*, Paris: P.U.F.（= 1971，田原音和訳，『現代社会学大系2 社会分業論』青木書店。）
伏見酒造組合，2001，『伏見酒造組合一二五年史』伏見酒造組合。
月桂冠株式会社，1999，『月桂冠三百六十年史』月桂冠株式会社。
株式会社増田徳兵衞商店，2001，『月の桂－株式会社増田徳兵衞商店』日本名門酒会。
河口充勇・藤本昌代，2009，「月桂冠－挑戦をつづける老舗」北寿郎・西口泰夫編『ケースブック京都モデル－そのダイナミズムとイノベーション・マネジメント』白桃書房，62-84。
北寿郎，2009，「TaKaRa －"伝統と革新"の事業戦略」北寿郎・西口泰夫編『ケースブック京都モデル－そのダイナミズムとイノベーション・マネジメント』白桃書房，86-105。

小関八重子，1997，「集団の影響過程」堀洋道・山本眞理子・吉田富二雄編『新編　社会心理学』福村出版，190-204。
Merton, R.K., 1957, *Social Theory and Social Structure* (2nd ed.), New York: The Free Press.（= 1961，森東吾・森好夫・金沢実・中島竜太郎訳，『社会理論と社会構造』みすず書房。）
Sherif, M., 1935, "A Study of Some Social Factors in Perception," *Archives of Psychology*, 27 (187): 1-60.
Simmel, G., 1890, *Über sociale Differenzierung*, Leipzig: Duncker & Humblot.（= 1970，居安正訳，『現代社会学大系 1 社会文化論・社会学』青木書店。）
宝ホールディングス株式会社環境広報部，2006，『宝ホールディングス 80 周年記念誌』宝ホールディングス株式会社。
宇治田福時，1980，『酒通入門―お酒は民族の文化なり』地球書館。
―――，1999，『士魂商才・続・酒通入門』玉乃光酒造株式会社出版部。
安岡重明，1998，「伏見酒造業における革新―大倉恒吉と大宮庫吉の比較」安岡重明編『京都企業家の伝統と革新』同文舘出版，156-176。
吉川肇子，2004，「組織心理学から見た火山危機管理」岡田弘編，『計画研究 A05 火山噴火の長期予測と災害軽減のために基礎科学』平成 15 年度文部科学省科学研究費特定領域研究「火山爆発のダイナミックス」成果報告書，北海道大学，399-402。

月桂冠株式会社（http://www.gekkeikan.co.jp/, 2009.10.30）。
白鶴酒造株式会社（http://www.hakutsuru.co.jp/, 2009.10.30）。
純粋日本酒協会（http://www.junmaishu.com/, 2009.10.30）。
株式会社増田德兵衛商店（http://www.tsukinokatsura.co.jp/, 2009.10.30）。
黄桜酒造株式会社（http://www.kizakura.co.jp/, 2009.10.30）。
国税庁「清酒製造業の概況（平成 19 年度調査分）」（http://www.nta.go.jp/shiraberu/senmonjoho/sake/shiori-gaikyo/seishu/2007/, 2009.10.30）。
宝ホールディングス株式会社（http://www.takara.co.jp/, 2009.10.30）。
玉乃光酒造株式会社（http://www.tamanohikari.co.jp/, 2009.10.30）。
辰馬本家酒造株式会社（http://www.hakushika.co.jp/, 2009.10.30）。

第 5 章

青木昌彦，2001，『比較制度分析に向けて』NTT 出版。
Boltanski, L. and L.Thévenot, 1991, *De la Justification: Les Économies de la Grandeur*, Gallimard.（= 2007，三浦直希訳，『正当化の理論―偉大さのエコノミー』新曜社。）
Deutsch, M. and H.B. Gerard, 1955, "A Study of Normative and Informational Social Influence," *Journal of Abnormal and Social Psychology*, 51: 629-636.
藤本昌代，2007，「上級官僚の職業観のコーホート分析」中道實編著『日本官僚制の連続と変化―ライフコース編』ナカニシヤ出版，108-124。
藤本昌代・河口充勇，2007a，「京都伏見日本酒クラスターにおける伝統産業技術に関する研究」伊藤英則，平成 17 年度～平成 21 年度文部科学省科学研究費補助金特別領域研究「日本の技術革新―経験蓄積と知識基盤化」成果報告書。
―――，2007b，「伝統技術産業の連関構造の社会的・文化的要素―京都伏見日本酒クラスターの事例」『ITEC Working Paper Series』07-13，同志社大学 技術・企業・国際競争力研究センター。
―――，2009a，「多様な成員の集団秩序―京都伏見酒造業の事例より」『評論・社会科学』90: 1-30。
藤野信之，2005，「米流通制度改革と米価の動向」『農業金融―農業・農協の変化のメカニズム』3 月

号，36-51。

伏見醸友会，1988，『62酒造年度 伏見の酒造状況調査』(伏見醸友会誌別冊) 伏見醸友会。
――――，1998，『9酒造年度 伏見の酒造状況調査』(伏見醸友会誌別冊) 伏見醸友会。
――――，2008，『19酒造年度 伏見の酒造状況調査』(伏見醸友会誌別冊) 伏見醸友会。
伏見酒造組合，2001，『伏見酒造組合一二五年史』伏見酒造組合。
伏見酒造組合労務委員会，1967，『伏見酒造組合労務委員会報告書』伏見酒造組合。
月桂冠株式会社，1999，『月桂冠三百六十年史』月桂冠株式会社。
橋本禅・佐藤洋平・山路永司，1999，「統計モデルを用いた合意形成過程の定量分析」『農村計画論文集』1: 97-102。
Hogg, M. A., 1992, *The Social Psychology of Group Cohesiveness: From Attraction to Social Identity*, London: Harvester Wheatsheaf. (＝1994，廣田君美・藤原等監訳，『集団凝集性の社会心理学』北大路書房。)
岩永佐織・生天目彰，2002，「異質集団の戦略的な相互作用と集合行為の自己組織化」『電気情報通信学会論文誌』J85-D-I (12): 1142-1151。
春日耕夫，1970，「流動地域における PTA の意義」『日本教育社会学会大会発表要旨集録』22: 97-100。
河口充勇・藤本昌代，2009，「月桂冠―挑戦を続ける老舗企業」北寿郎・西口泰夫編『ケースブック・京都モデル―そのダイナミズムとイノベーション・マネジメント』白桃書房，62-84。
Kelman, H. C., 1961, "Process of Opinion Change," *Public Opinion Quarterly*, 25: 57-78.
Kiesler, C. A. and S. B. Kiesler, 1969, *Conformity: Topics in Social Psychology*, Addison-Wesley Pub. Co. (＝1978，早川昌範訳，『同調行動の心理学』誠信書房。)
木下稔子，1964，「集団の凝集性と課題の重要性の同調行動に及ぼす効果」『心理学研究』35: 181-193。
宮島裕嗣・内藤美加，2008，「間接圧力による中学生の同調―規範的および情報的影響と課題重要性の効果」『発達心理学研究』19(4): 364-374。
水野真彦・立見淳哉，2007，「認知的近接性，イノベーション，産業集積地の多様性」『季刊経済研究』30(3): 1-14。
西宮酒造株式会社，1989，『日本盛・西宮酒造100年史』西宮酒造株式会社。
八木啓介・佐藤理史，1994，「多様なエージェント集団における創発的分業モデル」『情報処理学会第48回全国会報告要旨』，129-130。
Wyer, R. S. Jr., 1966, "Effects of Incentive to Perform Well, Group Attraction, and Group Acceptance on Conformity in a Judgmental Task," *Journal of Personality and Social Psychology*, 4: 21-26.

月桂冠株式会社「伏見の地下水流図」(http://www.gekkeikan.co.jp/enjoy/water/water06_b.html, 2009.10.30)。
――――，「月桂冠総合研究所の概要」(http://www.gekkeikan.co.jp/RD/outline/index.html, 2009.10.30)。
月桂冠大倉記念館 (http://www.gekkeikan.co.jp/enjoy/museum, 2009.10.30)。
国税庁「平成19年度酒税課税等状況表」(http://www.nta.go.jp/shiraberu/ senmonjoho/sake/tokei/kazeikankei2007/pdf/19-01.pdf, 2009.10.30)。

第6章

青木隆浩，2003，『近代酒造業の地域的展開』吉川弘文館。
安髙優司，2007，「地域における産業情報化の現状と課題―清酒製造業を事例として」『地域経済研究』18: 35-49。

参考文献　211

Aranya, N., 1981, "An Examination of Professional Commitment in Public Accounting," *Accounting Organizations and Society*, 6(4): 271-280.

蔡仁錫, 1996, 「プロフェッショナル・コミットメントの尺度の信頼性と妥当性－大学の研究者と企業の R&D 研究者を対象とした実証」『三田商学研究』39(2): 181-196。

伏見酒造組合, 2001, 『伏見酒造組合一二五年史』伏見酒造組合。

藤本昌代, 2005, 『専門職の転職構造－組織準拠性と移動』文眞堂。

――, 2008, 「転職者と初職継続者の職業達成の比較」阿形健司編『働き方とキャリア形成』科学研究費補助金特別推進研究「現代日本階層システムの構造と変動に関する総合的研究」平成 19 年度成果報告書, 東北大学, 1-20。

藤本昌代・河口充勇, 2007a, 『京都伏見日本酒クラスターにおける伝統産業技術に関する研究』伊藤英則, 平成 17 年度～平成 21 年度文部科学省科学研究費補助金特別領域研究「日本の技術革新－経験蓄積と知識基盤化」成果報告書。

――, 2007b, 「伝統技術産業の連関構造の社会的・文化的要素－京都伏見日本酒クラスターの事例」『ITEC Working Paper Series』07-13, 同志社大学 技術・企業・国際競争力研究センター。

――, 2009b, 「酒造技術者の職業人性と地域技術者ネットワーク－京都伏見酒造業を事例として」『同志社社会学研究』13: 1-17。

藤原隆男, 1999, 『近代日本酒造業史』ミネルヴァ書房。

月桂冠株式会社, 1999, 『月桂冠三百六十年史』月桂冠株式会社。

Gouldner, A. W., 1957, "Cosmopolitans and Locals: Toward an Analysis of Latent Social Roles I", *Administrative Science Quarterly*, 2(3): 281-306.

――, 1958, "Cosmopolitans and Locals: Toward an Analysis of Latent Social Roles II", *Administrative Science Quarterly*, 2(4): 444-480.

荻生待也編, 2006, 『日本の酒文化総合辞典』柏書房。

伊賀光屋, 2006, 「職業コミュニティに取り込まれる過程－杜氏になる」『新潟大学教育人間科学部紀要・人文・社会科学編』8(2): 171-182。

河口充勇・藤本昌代, 2007, 「月桂冠株式会社」『Doshisha Business Case』07-03, 同志社ビジネススクール。

栗山一秀, 2000, 「酒造りと杜氏」『京都工芸研究会報　こうげい』4(4): 2-3。

Meyer, J. P. and N.J. Allen, 1987, "Organizational Commitment: Toward a Three- Component Model," *Research Bulletin*, 660, The University of Western Ontario, Department of Psychology.

Mowday, R. T., R. M. Steers and L.W. Porter, 1979, "The Measurement of Organizational Commitment," *Journal of Vocational Behavior*, 14: 224-247.

中村陽吉・高木修編, 1987, 『「他者を助ける行動」の心理学』光生館.

坂口謹一郎, 1964, 『日本の酒』岩波書店。

関本昌秀・花田光世, 1985, 「11 社 4539 名の調査分析に基づく企業帰属意識の研究（上）」『ハーバード・ビジネス』10(6): 84-247。

――, 1986, 「11 社 4539 名の調査分析に基づく企業帰属意識の研究（下）」『ハーバード・ビジネス』11(1): 53-62。

田尾雅夫, 1991, 『組織の心理学』有斐閣。

――編, 1997, 『「会社人間」の研究－組織コミットメントの理論と実際』京都大学学術出版会。

浦光博, 1992, 『支えあう人と人－ソーシャル・サポートの社会心理学』サイエンス社。

義本岳宏, 2001, 『杜氏の技－職人芸の科学』恒星出版。

第7章

Cole, Robert and W. Richard Scott , 2000, *The Quality Movement & Organization Theory*, Sage Publication.

Cooley C., 1909, Social Organization : *A Study of the Larger Mind*, New York: Scribner（＝ 1970, 大橋幸・菊池美代志訳,『社会組織論：拡大する意識の研究』青木書店。）

DiMaggio, P. J. 1983, "State Expansion and Organizational Fields," R.H. Hall and R.E. *Quinn, Organization Theory and Public Policy*, Sage Publications, 147-161.

DiMaggio, P.J. and W. W. Powell, 1983, "The Iron Cage Revisited: Institutional Isomorphism and Collective Rationality in Organizational Fields," *American Sociological Review*, 48(2): 147-160.

Durkheim, E., 1893, *De la Division du Travail Social: Étude sur l'organisation des Sociétés Supérieures*, Paris: P.U.F. (＝ 1971, 田原音和訳,『現代社会学大系 2 社会分業論』青木書店。)

Fischer, C., 1975, "Toward a Subcultural Theory of Urbanism," *The American Journal of Sociology*, 80(6): 1319-1341. (＝ 1983, 広田康生訳,「アーバニズムの下位文化理論に向けて」奥田道大・広田康生訳『都市の理論のために』多賀出版, 50-94。)

Fligstein, N., 1990, *The Transformation of Corporate Control*, Cambridge: Harvard University Press.

Florida, R., 2004, *The Rise of the Creative Class: And How It's Transforming Work, Leisure, Community and Everyday Life*, New York: Basic Books.

濱嶋朗・竹内郁郎・石川晃弘編, 1993『社会学小辞典』（増補版）有斐閣。

Homans, G., 1950, The Human Group, Harcourt Brace. (＝ 1959, 馬場明男・早川浩一訳,『ヒューマン・グループ』誠信書房。)

Merton, R.K., 1957, *Social Theory and Social Structure* (2nd ed.), New York: The Free Press. (＝ 1961, 森東吾・森好夫・金沢実・中島竜太郎訳,『社会理論と社会構造』みすず書房。)

Meyer, J. W. and B. Rowan, 1977, "Institutionalized Organizations: Formal Structures Myth and Ceremony," *The American Journal of Sociology*, 83: 340-363.

Meyer, J. W. and W. R. Scott, 1983, "Centralization and the Legitimacy Problems of Local Government," J. W. Meyer and W. R. Scott eds., *Organizational Environments: Ritual and Rationality*, Sage Publications, 199-215.

中野秀一郎, 1981,『プロフェッションの社会学』木鐸社。

佐藤郁哉・山田真茂留, 2004,『制度と文化－組織を動かす見えない力』日本経済新聞社。

Scott, W. R., 1995, *Institutions and Organizations*, Thousand Oaks, Calif.: Sage Publications. (＝ 1998, 河野昭三・板橋慶明訳『制度と組織』税務経理協会。)

──, 2001, *Institutions and Organizations* (2nd ed.), Thousand Oaks, Calif.: Sage Publications.

Scott, W. R. and J. W. Meyer, 1991, "The Organization of Societal Sector: Propositions and Early Evidence," W. W. Powell and P. L. DiMaggio eds., *The New Institutionalism in Organizational Analysis*, Chicago: University of Chicago Press 108-140.

Selznick P., 1949, *TVA and the Grass Roots: A Study in the Sociology of Formal Organization*, Berkeley: University of California Press.

──, 1957, *Leadership in Administration*, Harper and Row.（＝ 1963, 北野利信訳,『組織とリーダーシップ』、ダイヤモンド社）。

Simmel, G., 1890, *Über sociale Differenzierung*, Leipzig: Duncker & Humblot. (＝ 1970, 居安正訳,『現代社会学大系 1 社会文化論・社会学』青木書店。)

Tarde, J. G., 1890, *Les Lois de l'imitation: Étude Sociologique*, Alcan. (＝ 2007, 池田祥英・村澤真保呂訳,『模倣の法則』河出書房新社。)

Tonnies, F., 1887,*Gemeinschaft und Gesellschaft; Grundbegriffe der Reinen Soziologie*, (＝ 1957,

杉之原寿一訳,『ゲマインシャフトとゲゼルシャフト－純枠社会学の基本概念』(上・下)岩波書店。)
Weber, M., 1905, *Die protestantische Ethik und der 'Geist' des Kapitalismus.*（＝ 1989, 大塚久雄訳,『プロテスタンティズムの倫理と資本主義の精神』岩波書店。）
Wirth L., 1938, "Urbanism as a Way of Life," *The American Journal of Sociology*, 44(1): 1-24.（＝ 1978, 高橋勇悦訳「生活様式としてのアーバニズム」鈴木広編『都市化の社会学 増補版』誠信書房, 127-147。)
横山知玄, 2001,『現代組織と環境の組織化－組織行動の変容過程と「制度理論」のアプローチ』文眞堂.
――, 2005,『現代組織と制度－制度理論の展開』文眞堂.
Zucker, L. G., 1977, "The Role of Institutionalization in Cultural Persistence," *American Sociological Review*, 42: 726-743.
――,1988, "Where Do Institutional Patterns Come From? Organizations as Actors in Social Systems," L. G. Zucker ed., *Institutional Patterns and Organizations: Culture and Environment*, Ballinger Pub. Co., 23-52.

国税庁「『清酒の製法品質表示基準』の概要 1 特定名称の清酒の表示」
　(http://www.nta.go.jp/shiraberu/senmonjoho/sake/hyoji/seishu/gaiyo/02.htm, 2010.1.3)。

エピローグ
小泉武夫, 1992,『日本酒ルネッサンス－民族の酒の浪漫を求めて』中公新書。
荻生待也編, 2005,『日本の酒文化総合辞典』柏書房。
坂口謹一郎, 1964,『日本の酒』岩波新書。

補遺2
地酒専門店マルマン (http://www.maruman.org/shop/index.html, 2009.10.30)。
株式会社北川本家 (http://www.tomio-sake.co.jp/, 2009.10.30)。
株式会社増田德兵衞商店 (http://www.tsukinokatsura.co.jp/, 2009.10.30)。
株式会社津乃嘉商店 (http://www.tunoka.com/, 2009.10.30)。
日本名門酒会 (http://www.meimonshu.jp/, 2009.10.30)
齊藤酒造株式会社 (http://www.eikun.com/, 2009.10.30)。
招德酒造株式会社 (http://www.shoutoku.co.jp/, 2009.10.30)。

あとがき

　われわれが伏見酒造業の面白さに惹かれることになったのは、2004年の初夏に伏見酒造業界の長老の一人である招徳酒造株式会社の木村善美相談役から興味深い昔話をお聞きしたことをきっかけとしている。偶然にもゼミ生にその親族がおり、蔵見学と利き酒の機会を与えられたのだが、その時に語られた昭和初期の伏見の様子からは清酒製造業と他の産業との連関構造を垣間見ることができた。たとえば、伏見地域に集まる杜氏や蔵人は季節労働者であり、ある期間しか伏見に滞在しないため、彼らのための貸布団業者がおり、他にも食堂や居酒屋などの産業が成立していた。そして、酒造りの過程で出される米糠（精米歩合率の高いものは50%以上削られる場合もある）は一部が京都の名産品である友禅染の染め付け用の糊やおかきの材料に用いられるなど、酒造業を中心としていくつもの産業がつながっていた。

　木村相談役の昔話を聞き終わる頃、われわれは伝統的産業として古くから栄えてきた清酒製造業を取り巻く社会的環境、文化的発展についてもっと多くのことを知りたいと思うようになっていた。かつて洛中および近隣地域に300とも500ともいわれた酒造業者の数は明治以降に減少したが、現在も伏見では20数社が伝統産業を継承している。招徳酒造の木村紫晃社長が、「伏見の蔵元が廃業した話が伝えられることが多いが、私たちが原料から出荷まで『顔の見える酒造り』に取り組んでいること、いろいろな場で日本酒を楽しんでもらえるような工夫をしていることは、あまり伝えられなくて残念です」と語ったことは、今でも心に残っている。厳しい歴史を乗り越えながら、全国第2位の清酒製成数量を誇る伏見地域は、「弱さが強さ」というパラドクスの宝庫である。そこでわれわれは伏見酒造業の発展、継続要因を探求するべく、木村社長から紹介を受け、伏見酒造組合の門をたたいたのである。

　本調査は大変多くの方々のご協力によって成立した。まず、本調査を始める

契機を与えていただき、その後も企画段階から約5年間にわたってご協力を賜った招德酒造の木村善美相談役、木村紫晃社長に御礼を申し上げる。そして、2004～06年当時、伏見酒造組合理事長であった北川榮三　株式会社北川本家相談役には、伏見酒造組合への紹介、組合加盟の各蔵元から調査協力にご理解を賜るよう計らっていただき、その後も調査の期間中において終始お世話になった。また、北川本家の従業員のみなさまにも大変お世話になった。心より御礼申し上げる。この調査が契機となり、われわれは清酒の美味しさを学生にも知って欲しいと考えるようになり、清酒業界に少しでも貢献できればと当時の伏見酒造組合理事長（北川本家）から大吟醸純米酒の提供を受け、同志社校祖、新島襄先生の幼名「七五三太（しめた）」と命名させていただき、ラベルデザイン他も学生とともにプロデュースした。現在も株式会社同志社エンタープライズから販売され続けている「大吟醸純米　七五三太」は、その後続々と出された京都の大学ブランド酒の先駆けとなった（売り上げの一部は大学に寄付していただいており、学生への奨学金に充てる予定である）。そして伏見酒造業の歴史を語る上で重要なキーパーソンである栗山一秀　月桂冠株式会社元副社長には、幾度となく歴史的経緯をご教示いただいた。栗山氏の語りはインタビュー時だけではなく、普段の会話の中にも重要なエピソードに溢れており、まさに「生き字引」という言葉が相応しく、われわれは多くのご指導を賜った。

　本研究にご協力いただいた黄桜（株）、（株）北川本家、京姫酒造（株）、キンシ正宗（株）、月桂冠（株）、齊藤酒造（株）、三宝酒造（株）、招德酒造（株）、宝酒造（株）、玉乃光酒造（株）、鶴正酒造（株）、（株）豊澤本店、花清水（株）、藤岡酒造（株）、平和酒造（資）、（株）増田德兵衞商店、松本酒造（株）、都鶴酒造（株）、御代鶴酒造（株）、向島酒造（株）、（株）山本本家、伏見銘酒協同組合、伏見酒造組合、御香宮神社、山田ファーム、（株）菱六、京都市産業技術研究所工業技術センター、（株）西川本店、永田醸造機械（株）、（有）京阪醸機、（有）森川製作所、立花機工（株）、西村商店、シュンビン（株）、（株）きたむら企画、地酒専門店マルマン、（株）津乃嘉酒店、（有）津之喜酒舗、（株）トミナガ、日新食品商事（株）、（株）富英堂、（株）和晃、

(株)伏見夢工房、大手筋商店街組合のみなさまに心より御礼申し上げる。

なお本研究は、文部科学省 21 世紀 COE プログラム「技術・企業・国際競争力の総合研究」プロジェクト（2003〜07 年度、同志社大学）、文部科学省科学研究費補助金 特別領域研究「日本の技術革新－経験蓄積と知識基盤化」（2005〜09 年度）、京都府産学公連携機構「文理融合・文系産学連携促進事業」（2005 年度）から研究支援を受けている。ここに記して感謝の意を表したい。

本研究は京都伏見日本酒クラスター研究会として藤本・河口により 2004 年秋から調査設計を行ない、2005〜06 年度に開講された同志社大学文学部社会学科社会学専攻（現・社会学部社会学科）の科目「社会調査実習－京都伏見日本酒クラスター研究」（担当：河口）の受講生と共に調査を実施した。その後も 3 年間追加調査を行なってきたが、本研究はこの時の受講生諸君と共に行なったデータに負うところが大きい。2 年間にわたって書かれた報告書は、伏見の事例を記録する上で重要な役割を果たした。

本書の考察部分は、2007 年度の藤本のスタンフォード大学への在外研究で受けた刺激が大きく影響している。目の当たりにしたシリコンバレーの流動性とそこで就業する人々へのインタビューから明らかになった彼らの志向、行動パターンは、意外なことに京都伏見の発展パターンを考える上で大いにヒントになった。帰国後、共著者の河口に新たな原案を話すと、彼はすぐに自身のフィールドである台湾・香港を中心とした華人社会とも共通するとして、新たな仮説、理論的展開案を認めてくれた。制度、組織研究についてはスタンフォード大学の W.R. スコット教授、スコット教授の下で学ばれた横山知玄 松山大学名誉教授からご指導を賜った。

序章でレビューしたさまざまな先行研究も重要な手がかりとなったが、調査の強力な道先案内となったのは、伏見酒造組合発行の『伏見酒造組合一二五年史』であった。われわれはこの本に大きく助けられ、また調査中も編著者の石川健次郎 同志社大学商学部教授にご指導を賜った。本研究をまとめる作業は二人で調べた内容について何度も話し合い、励まし合いながら執筆を行なった。そして伏見研究は、2009 年度に始まった河口の老舗の事業承継研究へと

展開されている。またそもそも、われわれがこのような研究に関心をもつに至ったのは、共に大学院時代からご指導いただいている服部民夫 東京大学大学院教授から産業の発展経緯に関する研究の重要性をご教示いただいたことによる。そして同志社大学社会学部社会学科の先生方には終始温かく見守っていただき、また院生諸氏からも協力を得た。その他、紙幅の関係ですべての方々のお名前を挙げることはできないが、学会や研究会、その他大変多くの方々にご協力やアドバイスをいただき、本調査を全うすることができた。すべてのみなさまに記して御礼申し上げる。本書の出版には、遅筆なわれわれを終始温かく見守っていただいた（株）文眞堂 前野隆氏の励ましがなかったら実現しなかった。心より御礼申し上げる。

　最後に本書の校正は両著者のパートナーの協力なくしては仕上がらなかった。それぞれのパートナーは、われわれが草稿を書き上げてから何度となく全章にわたって詳細なチェック、具体的なアドバイスをしてくれた。本書の最初の読者であり、われわれを励まし続けてくれた藤本政博、河口順子に心より感謝する次第である。

新酒の初搾りを楽しみに待ちながら
2009年師走
藤本昌代・河口充勇

人名索引

C. M. リー　9, 11
C. クーリー　151, 156, 159
C. フィッシャー　6, 15, 155
E. デュルケム　151, 154, 159
F. テンニース　154
G. ジンメル　59
H.B. ジェラード　59
J.G. タルド　156
L. テビノ　86
L. ボルタンスキ　86
L. ワース　154
M. ウェーバー　151, 159
M. シェリフ　58
M. ドイッチ　59
M. ポーター　8, 11
P.J. ディマジオ　7, 15, 149, 151, 152, 156, 159
P. セルズニック　153

R.K. マートン　45, 60
R. コール　157
S.E. アッシ　58
W.R. スコット　7, 15, 149, 151, 157, 159
W.W. パウエル　7, 15, 149, 151, 152, 156, 159
宇治田福時　72, 73, 80
大倉恒吉　65, 97
大倉治一　65, 80, 176
大宮庫吉　77, 78, 80
大宮隆　79, 80
吉川肇子　58
栗山一秀　65, 118
坂口謹一郎　74
第13代増田徳兵衞　74, 75, 80
松本司朗　68
横山知玄　7, 159

事項索引

欧文

TaKaRa　75, 76, 77, 78, 79, 80, 82, 83, 145, 171

ア行

意図せざる結果　45, 155, 157, 158
援助事態　113, 114, 140, 146

カ行

開放的な社会構造　11, 19, 61, 114, 128, 132, 140, 147
環境耐性　15, 18, 44, 46, 56

企業整備令　95
黄桜　16, 19, 33, 34, 62, 68, 69, 70, 80, 81, 109, 171, 195
技術的環境　7, 15, 149, 157
基準指数　50, 89, 100
北川本家　16, 33, 34, 57, 96, 178, 180, 182, 193, 195
規範的影響　59, 85
規範的同型性　149, 150, 156, 158
規範的同調圧力　60, 61, 62, 85, 108, 109, 150
基本石数　50, 109
境界値　155
境界人　155

強制的同型性　149, 150, 156, 158
京都市産業技術研究所工業技術センター　16, 115, 166
近代化産業遺産　31
クラスター　8, 9, 11, 20
月桂冠　16, 19, 31, 32, 33, 34, 39, 49, 54, 62, 63, 64, 65, 67, 76, 80, 81, 82, 97, 109, 119, 125, 126, 145, 150, 171, 197
公設試験所　10, 115, 183
構造の多様性　58
高流動性地域　11
御香宮神社　3, 16, 20

サ行

齊藤酒造　16, 34, 175, 176, 182, 197
産業集積地　1, 5, 7, 8, 9, 10, 14, 62, 86
四季醸造　30, 39, 62, 63, 64, 65, 66, 67, 80, 81, 82, 83, 86, 145
地酒専門店マルマン　16, 190, 192
自主流通米制度　50, 89, 100, 106
酒造好適米　51, 57, 89, 106, 120, 146, 161, 175, 176
準拠集団　59, 60
純米酒　70, 71, 72, 73, 80, 82
常軌的決定　153
招德酒造　16, 34, 57, 73, 177, 181, 182, 193, 198
情報共有規範　14, 15, 111, 125, 147, 148, 157
情報的影響　59, 85, 87
職業コミットメント　133, 143
職業人志向　114, 132, 133, 137, 138, 142
職業人性　19, 111, 133
シリコンバレー　8, 9, 11, 20
進取性　12, 13, 61, 62, 80, 100, 111, 147, 154, 155
水平ネットワーク　20, 154, 163, 192, 193
斉一性の圧力　58, 60, 62, 70, 75, 146, 155
制度化の動的重層性　158
制度的環境　7, 15, 149, 152, 157
制約の条件　12, 14, 15, 18, 39, 44, 45, 46, 56, 88, 144, 145, 147, 148
全国農業協同組合連合会　51

潜在的順機能　45, 46, 56, 106, 145
造酒株　28, 29, 42, 46, 47
組織個体群　7
組織コミットメント　135, 143
組織人性　133
組織フィールド　7, 149, 154

タ行

宝酒造　16, 33, 34, 109, 167, 198
宝ホールディングス　19, 63
玉乃光　19, 63, 70, 71, 72, 73, 80, 145, 177, 199
玉乃光酒造　16, 34
月の桂　19, 74, 75, 82, 119, 145, 182, 187, 189
津乃嘉商店　16, 188
同型性　15, 149, 151

ナ行

にごり酒　63, 74, 75, 82, 145, 150
日本酒造組合中央会　43, 51, 92, 95, 100, 101, 108

ハ行

白色革命　76, 78, 79
非通念性　6, 15, 155, 157
伏見酒造組合　15, 16, 17, 19, 32, 33, 42, 55, 58, 73, 75, 87, 88, 89, 90, 91, 92, 95, 98, 99, 100, 102, 103, 104, 105, 106, 108, 115, 146, 150
伏見酒造杜氏組合　55, 57, 115, 116, 125
伏見醸友会　105, 106, 115, 116, 176
伏見銘酒協同組合　16, 34, 99
並行複発酵　4, 41, 107

マ行

増田德兵衞商店　16, 19, 33, 34, 63, 74, 96, 150, 201
松本酒造　16, 31, 32, 68, 73, 201
向島酒造　16, 33, 34, 96, 202
"モノ申す"周辺アクター　20, 162, 163, 184, 193
模倣的同型性　149, 150, 156, 158

ヤ行

山田ファーム　16, 185, 187, 189
山本本家　16, 33, 34, 99, 193, 203
融米造り　67

ラ行

臨界的決定　153, 156, 157

著者プロフィール

藤本　昌代（ふじもと　まさよ）

同志社大学 大学院 博士後期課程 文学研究科 社会学専攻修了。博士（社会学）。独立行政法人 経済産業研究所フェロー、同志社大学 文学部社会学科 専任講師、同大大学院 社会学研究科 社会学専攻 准教授、スタンフォード大学客員研究員を経て、現在に至る。

主な論文・著書

『専門職の転職構造　－組織準拠性と移動－』文眞堂 (2005).
・2006年度組織学会 高宮賞（著書部門）受賞
・2006年度日本労務学会 学術賞（著書部門）受賞

「産業・労働問題と世代論　－「豊かさ」の産業間格差－」『フォーラム現代社会学』, 6:25-34 (2007).

Employment Systems and Social Relativity from the Perspective of Pay and Benefits for Science and Technology Researchers and Engineers, Japan Labor Review, 5(3): 61-82 (2008).

「専門職における制度変革によるアノミー現象」『社会学評論』, 59(3):532-550 (2008).

河口　充勇（かわぐち　みつお）

同志社大学文学部社会学科社会学専攻卒業。同志社大学大学院文学研究科社会学専攻修士課程, 博士後期課程修了。博士（社会学）。同志社大学技術・企業・国際競争力研究センター特別研究員（PD）を経て、同志社大学高等研究教育機構特別任用研究員・助手。

主な論文・著書

『新港城－現代香港の若年ミドルクラスの居住と移動に関する社会学的研究』（博士論文）, 同志社大学大学院文学研究科社会学専攻 (2004).

「産業高度化, グローバル化, 地域再編－『アジアのシリコンバレー』台湾・新竹の経験」『フォーラム現代社会学』, 第7号, 関西社会学会 (2008)。

『台灣矽谷尋根－日治時期台灣高科技灣業史話』園區生活雜誌社 (2009)。

産業集積地の継続と革新
―京都伏見酒造業への社会学的接近―

2010年4月15日 第1版第1刷発行　　　　　　検印省略

著　者	藤　本　昌　代
	河　口　充　勇
発行者	前　野　　　弘
発行所	㈱ 文　眞　堂

東京都新宿区早稲田鶴巻町533
電　話　03（3202）8480
FAX　03（3203）2638
http://www.bunshin-do.co.jp
郵便番号（162-0041）振替 00120-2-96437

印刷・㈱キタジマ　製本・イマキ製本所

Ⓒ2010
定価はカバー裏に表示してあります
ISBN978-4-8309-4675-2　C3036